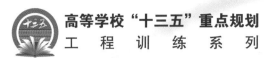

GONGCHENG XUNLIAN HAN XUNLIAN BAOGAOCE

工程训练

(含训练报告册)

主　编◆郭宇超
副主编◆解　伟　王海金　贾福利　刘　涛
主　审◆孙曙光

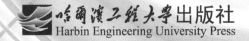

内 容 简 介

本书是根据高等工科院校"金工实习教学基本要求"和"工程训练教学基本要求"的精神,结合培养应用型工程技术人才的实践教学特点编写的。

本书内容包括工程训练基础知识、工程材料与热处理、铸造、锻压、焊接、钳工、车削加工、铣削加工、刨削加工、磨削加工、数控加工技术、数控车削加工、数控铣削加工、电火花线切割加工和电火花成形加工等。

本书以传统工艺为基础,引入先进制造工艺和方法,注重培养学生理论联系实际的能力,通过让学生实际制作工件来强化学生的工程训练效果,激发学生的潜能,增强学生的创新意识。

本书主要作为高等工科院校机械类和近机类专业学生工程训练的教材,也可作为工程技术人员的参考书。

图书在版编目(CIP)数据

工程训练:含训练报告册/郭宇超主编. — 哈尔滨:哈尔滨工程大学出版社,2021.6
ISBN 978-7-5661-3039-6

Ⅰ.①工… Ⅱ.①郭… Ⅲ.①机械制造工艺-高等学校-教材 Ⅳ.①TH16

中国版本图书馆 CIP 数据核字(2021)第 063628 号

选题策划 马佳佳
责任编辑 丁月华
封面设计 博鑫设计

出版发行 哈尔滨工程大学出版社
社　　址 哈尔滨市南岗区南通大街 145 号
邮政编码 150001
发行电话 0451-82519328
传　　真 0451-82519699
经　　销 新华书店
印　　刷 哈尔滨市石桥印务有限公司
开　　本 787 mm×1 092 mm　1/16
印　　张 13.75
字　　数 340 千字
版　　次 2021 年 6 月第 1 版
印　　次 2021 年 6 月第 1 次印刷
定　　价 36.80 元

http://www.hrbeupress.com
E-mail:heupress@ hrbeu.edu.cn

前　言

"工程训练"是一门实践性很强的技术基础课,是机械类和近机类专业学生熟悉生产加工过程、培养动手能力的重要教学实践环节,也是以上专业学生的必修课程。通过工程训练,学生将熟悉机械制造的一般过程,掌握金属加工的主要工艺方法和流程,熟悉各种设备和工具的安全操作方法,掌握简单零件的加工方法,加强对图样、加工符号的认识,进一步了解技术条件和要求。本课程结合训练培养学生的创新意识,提高学生的工程素养,为学生成为应用技术型人才打下一定的实践基础。

本书在编写过程中注重把握"金属工艺学"和"机械制造基础"这两门课程的联系。"工程训练"这门课程重点学习机械制造常识、热加工和冷加工等常用加工方法,如金属切削知识、工程材料和常用量具;铸造、锻压、焊接和热处理;车削加工、铣削加工、刨削加工、磨削加工、数控加工技术、电火花线切割加工及电火花成形加工等。

本书由黑龙江东方学院和哈尔滨剑桥学院的教师共同编写,两校分别组织一线指导教师参与相关内容的编写,将参编教师丰富的教学经验融于教材,同时也针对学生平时出现的问题,进行着重陈述。本书在各章后安排了思考题,在全书最后附加了训练报告册,有助于学生消化、巩固和深化教学内容。

本书由黑龙江东方学院郭宇超担任主编,并负责统稿;由黑龙江东方学院孙曙光教授担任主审。黑龙江东方学院解伟、贾福利、刘涛和哈尔滨剑桥学院王海金参与了本书的编写。其中,第1章、第2章、第6章、第7章由郭宇超编写;第3章、第11章、第12章由解伟编写;第8章、第9章、第10章由王海金编写;第4章、第14章、第15章由贾福利编写;第5章、第13章由刘涛编写。

本书得到哈尔滨工程大学出版社有关同志的大力支持,特此感谢!

由于编者的水平和经验有限,书中难免有欠妥甚至错误之处,敬请广大读者批评指正。

编　者

2021年1月

目 录

第1章 工程训练基础知识 ································· 1

1.1 机械制造概述 ····································· 1
1.2 机械制造的过程 ··································· 1
1.3 金属切削加工基础知识 ····························· 2
1.4 常用量具的使用 ··································· 7
复习思考题 ··· 12

第2章 工程材料与热处理 ································· 13

2.1 工程材料 ··· 13
2.2 钢的热处理 ······································· 19
2.3 热处理实习安全技术 ······························· 22
复习思考题 ··· 22

第3章 铸造 ·· 23

3.1 概述 ··· 23
3.2 砂型铸造 ··· 23
3.3 特种铸造 ··· 32
3.4 铸造实习安全技术 ································· 34
复习思考题 ··· 34

第4章 锻压 ·· 35

4.1 概述 ··· 35
4.2 金属加热与锻件冷却 ······························· 36
4.3 自由锻造 ··· 37
4.4 模锻 ··· 40
4.5 板料冲压 ··· 41
4.6 锻压实习安全技术 ································· 44
复习思考题 ··· 45

第5章 焊接 ·· 46

5.1 概述 ··· 46
5.2 电弧焊 ··· 47
5.3 气焊与气割 ······································· 53
5.4 其他常见焊接方法 ································· 55

5.5	焊接实习安全技术	58
	复习思考题	58

第6章　钳工 59

6.1	概述	59
6.2	划线	61
6.3	锯削	64
6.4	锉削	66
6.5	钻孔、扩孔、铰孔和锪孔	69
6.6	攻螺纹和套螺纹	72
6.7	钳工实习安全技术	74
	训练项目实例	75
	复习思考题	75

第7章　车削加工 76

7.1	概述	76
7.2	车工基础知识	77
7.3	车床基本操作	84
7.4	基本车削加工	87
7.5	车削加工实习安全技术	95
	训练项目实例	96
	复习思考题	97

第8章　铣削加工 98

8.1	概述	98
8.2	铣工基础知识	99
8.3	基本铣削加工	105
8.4	铣削加工实习安全技术	108
	训练项目实例	108
	复习思考题	109

第9章　刨削加工 110

9.1	概述	110
9.2	刨工基础知识	110
9.3	基本刨削加工	112
9.4	刨削加工实习安全技术	114
	训练项目实例	115
	复习思考题	115

第10章 磨削加工 ... 116

- 10.1 概述 ... 116
- 10.2 磨床 ... 117
- 10.3 砂轮 ... 120
- 10.4 外圆磨床及其磨削加工 ... 121
- 10.5 平面磨床及其磨削加工 ... 122
- 10.6 磨削加工实习安全技术 ... 123
- 训练项目实例 ... 124
- 复习思考题 ... 124

第11章 数控加工技术 ... 125

- 11.1 概述 ... 125
- 11.2 数控机床的组成及工作过程 ... 125
- 11.3 数控加工基本原理 ... 127
- 11.4 机床坐标系 ... 128
- 11.5 工件坐标系 ... 130
- 11.6 数控编程 ... 131
- 复习思考题 ... 133

第12章 数控车削加工 ... 134

- 12.1 概述 ... 134
- 12.2 数控车床的结构 ... 134
- 12.3 基于 FANUC-0i 数控车床加工程序的编制 ... 136
- 12.4 数控车床的操作 ... 143
- 12.5 数控车削加工实习安全技术 ... 145
- 训练项目实例 ... 146
- 复习思考题 ... 149

第13章 数控铣削加工 ... 150

- 13.1 概述 ... 150
- 13.2 数控铣床的结构 ... 150
- 13.3 基于 FANUC-0i 数控铣床加工程序的编制 ... 152
- 13.4 数控铣床的操作 ... 158
- 13.5 数控铣削加工实习安全技术 ... 165
- 训练项目实例 ... 165
- 复习思考题 ... 168

第14章 电火花线切割加工 ... 169

- 14.1 概述 ... 169

14.2 电火花线切割加工的基本原理及特点 …………………………………… 170
14.3 电火花线切割加工设备 …………………………………………………… 171
14.4 电火花线切割加工编程方法 ……………………………………………… 174
14.5 电火花线切割机床的操作 ………………………………………………… 175
14.6 电火花线切割加工实习安全技术 ………………………………………… 180
训练项目实例 …………………………………………………………………… 181
复习思考题 ……………………………………………………………………… 182

第15章 电火花成形加工 …………………………………………………… 183

15.1 概述 ………………………………………………………………………… 183
15.2 电火花成形加工机床 ……………………………………………………… 184
15.3 电火花成形加工工艺 ……………………………………………………… 185
15.4 电火花成形加工的基本操作 ……………………………………………… 187
15.5 电火花成形加工实习安全技术 …………………………………………… 189
训练项目实例 …………………………………………………………………… 190
复习思考题 ……………………………………………………………………… 190

参考文献 …………………………………………………………………………… 191

第1章 工程训练基础知识

1.1 机械制造概述

制造业是将可用资源、能源与信息通过制造过程,转化为可供人们使用或利用的工业品或生活消费品的行业。人类的生产工具、消费产品、科研设备、武器装备等,都是由制造业提供的,它是国民经济产业的核心,是工业的心脏,是国民经济和综合国力的支柱产业。

任何机器或机械设备产品,如机床或汽车,都是由若干个部件和零件装配而成的。只有制造出合乎要求的零件,才能装配出合格的机械产品。机械制造过程的主要工作,就是利用各种工艺和设备将原材料加工成合格的零部件。机械制造业的主要任务是完成机械产品的决策、设计、制造、装配、销售、售后服务及后续处理等,其中包括对半成品零件的加工技术、加工工艺的研究及其工艺装备的设计制造。

机械工程是一门有着悠久历史的学科,是国家建设和社会发展的支柱学科之一。机械制造是机械工程的一个分支,是一门研究各种机械制造过程和方法的学科。具体来说,机械制造研究的主要内容包括机械制造的基础理论、机械产品成型工艺过程的生产装备及其自动化,以及机械加工和装配的工艺过程与方法。

我们正处在一个科学技术飞速发展的时代,随着微电子技术与计算机技术的迅速发展及其在机械制造工业中的广泛应用,机械制造工业近30年来发生了巨大的变化,这使得社会生产力产生一次大的飞跃,也必将深刻改变机械制造业的生产方式、企业面貌乃至人们的思想。

总之,自动化、最优化、柔性化、集成化、智能化和精密化,是当代机械制造行业正在经历的巨大变化,也是今后这个行业发展的必然趋势。这一发展目标是物力资源和智力资源更有效的应用。

1.2 机械制造的过程

机械产品的生产过程是一个复杂的生产系统。首先,要根据市场的需求做出生产什么产品的决策;其次要完成产品的设计工作;再次,需综合运用工艺技术理论和知识确定制造方法和工艺流程;最后才进入制造过程,实现产品的输出。因此,机械制造的一般过程可简要归纳为生产技术准备→机械产品加工→辅助生产→生产服务四个过程。

1.2.1 生产技术的准备过程

生产技术准备是指产品在投入生产前所进行的各种准备工作。如产品设计、工艺设计和专用工具的设计与制造、生产计划的编制、生产资料的准备、生产管理内容的制定、劳动组织的组建,以及新产品的试制和鉴定工作等。

1.2.2 机械产品的加工过程

机械产品的加工是指把原材料变为成品的全过程。一般情况下,将原材料经过铸造锻造、冲压、焊接等方法制成毛坯,然后由毛坯经机械加工制成零件(有的零件在毛坯制造和加工过程中穿插不同的热处理工艺),最后零件经装配调试、验收合格后成为产品出厂。机械产品生产过程如图1-1所示。

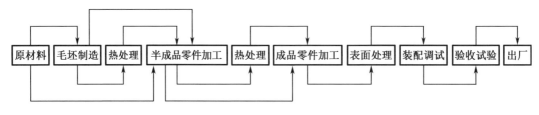

图1-1 机械产品生产过程

机械制造以使用金属材料为主。金属材料主要分两类:一类为锭料及粉状材料,供铸造、锻造及烧结等加工用;另一类为型材(如棒料、管料、板带料),供机械加工用。有些零件所用的材料为工程塑料、工程陶瓷、橡胶及复合材料等。

半成品零件加工和成品零件加工多采用切削加工(车、铣、刨、钻、镗、磨和钳工等)及焊接、冲压等工艺方法。除了这些加工方法外,有的还采用特殊加工方法,如电火花加工、电解加工、激光加工、超声波加工、化学加工等。

热处理用于工艺过程中对材料的改性,如正火、退火、淬火与回火等热处理方法。而表面处理则用于装饰和保护零件,如发蓝、喷丸、抛光、电镀、阳极氧化、涂装等表面处理方法。

装配是将生产出的各种零件按要求连接在一起,组成机械产品的工艺过程。装配是机械制造过程中的最后一个生产阶段,其中还包括调整、试验、检验、涂装和包装等工作。因此,装配工作对产品质量的影响很大。

验收试验是按产品的技术要求,对产品的有关性能进行试验,只有验收试验合格的产品才能出厂。验收试验和贯穿于整个机械制造工艺过程的检验工作,都是保证产品质量和工艺过程正确实施的主要措施。验收试验方法有用测量器具测量、目视检验、无损探伤、力学性能试验及金相检验等。

1.2.3 生产服务过程

生产服务包括原材料的供应、外购件和工具的供应、运输及搬运、检验、仓库保管等。实际上生产服务是产品加工过程和辅助生产过程服务。

1.3 金属切削加工基础知识

1.3.1 切削加工方法

金属切削加工是利用切削刀具或工具从毛坯(如铸件、锻件和型材坯料)上切除多余的材料,获得符合零件图样技术要求的零件的加工方法。切削加工分为钳工和机械加工两大部分。

(1) 钳工是由操作者手持工具对工件进行切削加工。钳工使用的工具简单,加工方法灵活,其主要方式有划线、锯切、锉削、钻孔、扩孔、铰孔、攻套螺纹等。

(2) 机械加工是由操作者操纵机床对工件进行的切削加工。机械加工的主要方式有车削、铣削、刨削、钻削、磨削等,如图1-2所示。

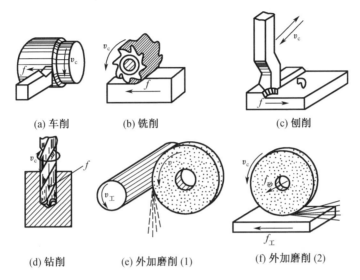

(a) 车削　　(b) 铣削　　(c) 刨削
(d) 钻削　　(e) 外加磨削(1)　　(f) 外加磨削(2)

v_c—切削速度;f—进给量;$v_工$——工件速度;$f_砂$—砂轮进给量;$f_工$—工件进给量。

图1-2　几种切削加工方式

1.3.2　机床的切削运动

无论在哪种机床上进行切削加工,刀具与工件之间都必须有适当的相对运动,即切削运动(工作运动)。根据切削过程中所起的作用不同,切削运动分为主运动和进给运动。

1. 主运动

主运动是切下切屑的最基本运动。它的特点是在切削过程中速度最快,消耗机床动力最大。如图1-2所示,车削时工件的旋转、钻削时钻头的旋转、铣削时铣刀的旋转、牛头刨床刨削时刨刀的往复直线移动、磨削时砂轮的旋转均为主运动。

2. 进给运动

进给运动是使切削层不断投入的运动。主运动进行一个循环后,新的材料层不断投入切削。如图1-2所示,车刀、钻头及铣刀相对工件的移动、牛头刨床刨削水平面时工件的间歇移动、磨削外圆时工件的旋转和往复轴向移动及砂轮周期性横向移动均为进给运动。

在机械加工中,主运动只有一个,进给运动则可能是一个或几个。

1.3.3　切削用量三要素

切削加工时,在工件上出现三个不断变化的表面,如图1-3所示。

待加工表面:工件上等待切除的表面;已加工表面:工件上经切削后产生的表面;过渡表面:工件上由刀具切削刃形成的那部分表面。

切削用量三要素指的是切削速度、进给量和背吃刀量(切削深度),如图1-3所示。

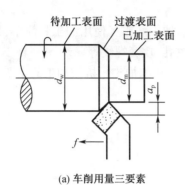 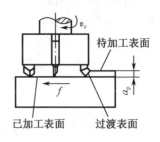

(a) 车削用量三要素　　　　　(b) 铣削用量三要素

图 1-3　切削时的三个表面

切削速度 v_c：切削刃选定点相对于工件主运动的瞬时速度，单位为 m/min。

进给量 f：刀具在进给运动方向上相对工件的位移量，可用刀具或工件每转或每行程的位移量来表述和度量，单位为 mm/r（如车削时）或 mm/行程（如刨削时）。

背吃刀量（切削深度）a_p：工件已加工表面与待加工表面之间的垂直距离。

切削用量三要素是影响切削加工质量、刀具磨损、机床动力消耗及生产率的重要参数。由于各切削用量对切削过程的影响程度不同，因此不同的加工方式切削用量的选择原则是不同的。常用切削用量如表 1-1 所示。

表 1-1　常用切削用量（参考值）

加工方法		背吃刀量 a_p/mm	进给量 $f/(\text{mm} \cdot \text{r}^{-1})$ 或 $(\text{mm} \cdot \text{行程}^{-1})$	切削速度 $v_c/(\text{mm} \cdot \text{min}^{-1})$	说明
车	粗	1.5~2.5	0.3~0.5	50~80	高速钢工具的 v_c 为 18~30 mm/min，f 为每转进给量
	精	0.2~0.5	0.2~0.3	80~100	
刨	粗	>2	0.2~0.6	25~30	f 为每一往复行程进给量
	精	0.2~0.5	0.1~0.3	15~20	
铣	粗	2~3	0.02~0.05	60~80	指用硬质合金刀端铣，高速钢刀具的 v_c 为 15~30 mm/min，f 指每齿进给量
	精	0.5~0.7	0.01~0.03	80~100	
钻		$d/2$	0.1~0.3	15~20	指高速钢钻头和铰刀，钻头的 v_c 为 20~30 mm/min，铰刀的 v_c 为 10~16 mm/min
铰	粗	0.2~0.3	0.05~0.1	10~12	
	精	0.1	0.8~1.3	8~10	
镗	粗	2~3	0.3~0.5	50~70	高速钢刀具的 v_c 为 15~30 mm/min
	精	0.2~0.3	0.1~0.2	70~80	
磨	粗	0.015~0.04	(0.4~0.7)b	15~25	v_c 指工件速度，b 指砂轮宽度，f 指外圆磨削的轴向进给量
	精	0.005~0.01	(0.25~0.5)b	25~50	

对于粗加工,主要是在较短的时间内切去工件毛坯上加工余量的大部分,要取得最高的生产率,应按 $a_p \rightarrow f \rightarrow v_c$ 的顺序来选择切削用量。

对于半精加工和精加工,主要是保证工件的加工精度和表面质量要求,并兼顾必要的刀具寿命和生产率,应按 $v_c \rightarrow f \rightarrow a_p$ 的顺序来选择切削用量。

1.3.4 机床的类型

机床是切削加工的主要设备,为了满足各种切削加工的要求,需要设计和制造出各种不同种类的金属切削机床。为了便于使用和管理,国家对各种机床进行了分类和编号。

根据我国制定的机床型号编制方法(GB/T 15375—2008)《金属切削机床 型号编制方法》,将机床按加工性质分为 12 大类:车床、钻床、镗床、磨床、铣床、刨插床、拉床、齿轮加工机床、螺纹加工机床、特种加工机床、锯床及其他加工机床。

上述各类机床还可根据其他特征进一步分类。

按通用性程度分:通用机床(即一般用途机床)、专门化机床和专用机床。

按机床工作精度分:普通精度机床、精密机床、高精度机床。

按质量分:一般机床、大型机床、重型机床。

1.3.5 机床的传动机构

机床的动力源一般为电动机的单速旋转运动,并通过传动元件将运动传送到主轴和刀架,常见的传动元件为带轮、齿轮、蜗杆、齿轮齿条、丝杠螺母等。常见传动及其图形与符号如表 1-2 所示。

表 1-2 常见传动及其图形与符号

名称	图形与符号	名称	图形与符号
平带传动		V 带传动	
齿轮传动		蜗杆传动	
齿轮齿条传动		丝杠螺母传动	

此外,机床传动机构还包括变速机构、换向机构和变运动类型机构。

(1)变速机构。车床主要通过改变滑动齿轮齿数比达到变速的目的。
(2)换向机构。车床常用增加中间齿轮的方式改变转动的方向。
(3)变运动类型机构。这类机构主要任务是把旋转运动变为直线移动,如齿轮齿条传动和丝杠螺母传动都属于此种机构。

1.3.6 刀具材料

刀具材料一般是指工作部分的材料。在金属切削过程中,刀具直接参加切削,在很大的切削力和很高的温度下工作,还要承受较大的压力、冲击和振动,并且与切屑和工件都产生剧烈的摩擦,工作条件极为恶劣。刀具材料是刀具切削能力的基础,对加工质量、生产率和加工成本影响极大。

1. 刀具材料应具备的性能

(1)高硬度。刀具材料的硬度必须高于工件的硬度,一般室温硬度要在60 HRC以上。
(2)足够的强度和韧性,能承受切削力、冲击和振动,不产生崩刃和断裂现象。
(3)高的耐热性。刀具材料在高温下保持较高硬度的性能,又称为红硬性或热硬性。刀具材料的高温硬度愈高,允许的切削速度也愈高。
(4)良好的耐磨性。

2. 常见刀具材料

目前在切削加工中常见的刀具材料有碳素工具钢、合金工具钢、高速钢、硬质合金及金属陶瓷等。此外,新型刀具材料还有立方氮化硼和金刚石等。各类刀具材料的主要性能及应用如表1-3所示。

表1-3 各类刀具材料的主要性能及应用

种类	常用牌号举例	室温硬度	耐热性/℃	抗弯强度 σ_b/MPa	工艺性能	应用范围
碳素工具钢	T10A、T12A	60~64 HRC	200	2 450~2 741	可冷热加工成形,磨削性能好,易磨出锋利的刃口,需热处理	用于手动工具,如丝锥、板牙、铰刀、锯条、锉刀等
合金工具钢	CrWMn、9SiCr	60~65 HRC	250~300	2 450~2 744	可冷热加工成形,磨削性能好,易磨出锋利的刃口,需热处理	用于手动或速机动工具,如机用丝锥、板牙、拉刀等
高速钢	W18Cr4V	62~70 HRC	540~650	2 450~3 730	可冷热加工成形,磨削性能好,易磨出锋利的刃口,需热处理	主要用于形状较复杂的刀具,如钻头、铣刀、拉刀、齿轮刀具,也可用于车刀、刨刀

表 1-3(续)

种类	常用牌号举例	室温硬度	耐热性/℃	抗弯强度 σ_b/MPa	工艺性能	应用范围
硬质合金	YG8、YT15	89~98 HRA	800~1 000	883~1 470	不能冷热加工,多作为镶片使用,刃磨困难,无须热处理	多用于车刀,也可用于铣刀、钻头、滚齿刀等
金属陶瓷	AM	91~94 HRA	1 200~1 450	588~882	不能冷热加工,多作为镶片使用,刃磨困难,无须热处理	多用于车刀,适于持续切削,主要对工件进行半精加工和精加工
立方氮化硼	FD	7 300~9 000 HV	1 400~1 500	290	压制烧结而成,要用金刚石砂轮刃磨	用于强度、硬度较高材料的精加工
金刚石		10 000 HV	700~800	200~480	刃磨极困难	用于非铁金属的高精度、低表面粗糙度的切削

1.4 常用量具的使用

加工出的零件是否符合图样的要求,须用量具进行检验。由于零件有各种不同形状,它们的精度也不一样,因此要用量具去检验。量具的种类很多,下面介绍在生产中常用的几种。

1.4.1 游标卡尺

1. 结构

游标卡尺(简称卡尺)是中等精度的测量工具,其规格有 0~125 mm、0~200 mm、0~300 mm、0~500 mm 等几种。常用游标卡尺的分度值(精度值)有 0.1 mm、0.05 mm 和 0.02 mm 三种。游标卡尺的结构如图 1-4 所示。

2. 使用方法

测量时,右手拿住尺身,拇指移动游标,左手拿待测物体,使待测物位于量爪之间,当待测物与量爪紧紧相贴时(注意拇指用力要适中),即可读数,如图 1-5 所示。

3. 读数方法

游标卡尺的刻线原理如图 1-6 所示,当主尺和副尺的卡脚贴合时,在主、副尺上刻一上下

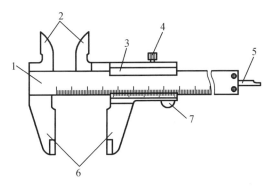

1—尺身;2—内径测量爪;3—尺框;4—紧固螺钉;
5—深度测标;6—外径测量爪;7—游标。

图 1-4 游标卡尺的结构

对准的零线,主尺上每一小格为 1 mm,取主尺 49 mm 长度,在副尺与之对应的长度上等分 50 格,即副尺每格长度 =49 mm/50 =0.98 mm,主、副尺每格之差 =1 mm -0.98 mm =0.02 mm。

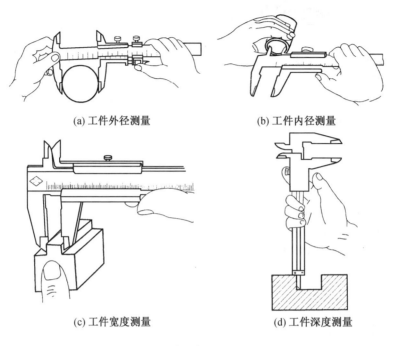

图 1-5 游标卡尺的测量方法

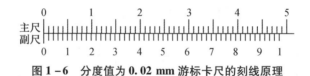

图 1-6 分度值为 0.02 mm 游标卡尺的刻线原理

游标卡尺读数时可分三步:
第一步,根据副尺零线以左的主尺上的最近刻度读出整数。
第二步,根据副尺零线以右与主尺某一刻度对准的刻线数乘以 0.02 读出小数。
第三步,将上面的整数和小数两部分尺寸相加,即为总尺寸。图 1-7(a)、图 1-7(b)所示读数分别为 30 mm +5 ×0.02 mm =30.1 mm,48 mm +46 ×0.02 mm =48.92 mm。

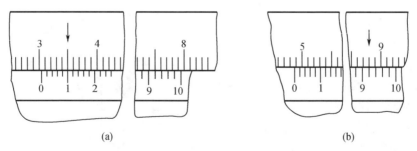

图 1-7 0.02 mm 游标卡尺的尺寸读法

4. 注意事项
(1)使用前,先擦净卡脚,然后合拢两卡脚使之贴合;检查主、副尺零线是否对齐,若未对齐,应在测量后根据原始误差修正读数。

(2)测量时,方法要正确;读数时,视线要垂直于尺面,否则测量值不准确。

(3)当量爪与被测工件接触后,用力不能过大,以免量爪变形或磨损,降低测量的准确度。

(4)不能用卡尺测量毛坯表面。使用完毕后须擦拭干净,放入盒内。

游标卡尺的种类很多,除了上述普通游标卡尺外,还有专门用于测量深度和高度的游标卡尺,如图1-8所示,深度游标卡尺用于测量台阶及槽的深度;高度游标卡尺用于测量高度、孔位及钳工的精密划线。

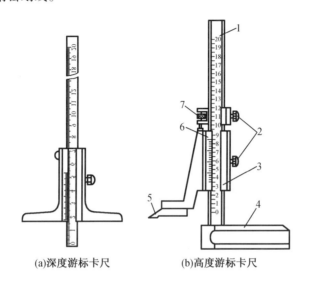

(a)深度游标卡尺　　(b)高度游标卡尺

1—尺身;2—紧固螺钉;3—尺框;4—基座;5—量爪;6—游标;7—微动装置。

图1-8　深度和高度游标卡尺结构

1.4.2　外径千分尺

1. 结构

外径千分尺是一种测量精度比游标卡尺更高的精密量具,生产中常用的测量精度为0.01 mm。它是用来测量或检验零件的外径、凸肩厚度,以及板厚或壁厚等的测量工具。外径千分尺的测量范围有 0~25 mm、25~50 mm、50~75 mm、75~100 mm 等几种。图1-9所示是测量范围为 0~25 mm 的外径千分尺结构。

2. 使用方法

在测量时,应先将千分尺的测砧和测微螺杆的测量面擦拭干净,并校准千分尺零线,以保证测量准确性。测量步骤如下:

(1)先将工件被测表面擦净,以保证测量准确。

(2)用左手握住千分尺的尺架,用右手握住微分筒;或者将千分尺固定在千分尺固定架上,用左手握住工件,用右手握住微分筒。

(3)将被测件放到测砧和测微螺杆的测量接触面之间,先用右手转动微分筒,测微螺杆前移,当测微螺杆快接触到被测件时,右手调测力装置,直至听到"咔、咔、咔"三声时停止。

(4)注意当测微筒转动带动测微螺杆向前移动,快接近被测件时,应转动测力装置,不要转动微分筒,转动微分筒将会产生高的测量压力而影响测量的正确性,如图1-10所示。

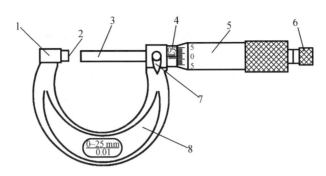

1—尺架;2—测砧;3—测微螺杆;4—固定套管;5—微分筒;
6—测力装置;7—锁紧装置;8—隔热装置。

图1-9 外径千分尺结构

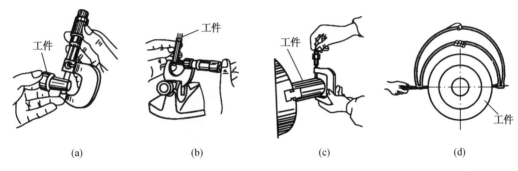

图1-10 外径千分尺的使用

3. 读数方法

如图1-11所示,在固定套管基准线之上是整毫米数的分度刻线,在基准线之下是半毫米数(0.5 mm)的分度刻线。在微分筒的圆周上共刻有50格等分刻线。转动微分筒一格刻线则测微螺杆移动0.01 mm,因此微分筒转一圈,测微螺杆就移动0.5 mm。读数方法分以下三步:

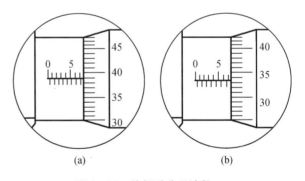

图1-11 外径千分尺读数

第一步,先读出固定套管上露出刻线的整毫米数和半毫米数(0.5 mm),注意看清楚露出的是上方刻线还是下方刻线,以免错读0.5 mm。

第二步,看准微分筒上哪一格与固定套管纵向刻线对准,将刻线的序号乘以0.01 mm即为小数部分的数值(小数点后第三位为估值)。

第三步,上述两部分读数相加,即为被测工件的尺寸。图1-11(a)、图1-11(b)所示读数分别为7 mm + 0.5 mm + 0.391 mm = 7.891 mm,7 mm + 0.332 mm = 7.332 mm。

4. 注意事项

(1)使用前必须对螺旋量具进行"0"位检查。若没有对齐,要先进行调整,然后才能使用。

(2)在比较大的范围内调整时,应旋转微分筒。当测量面靠近被测表面时,再用测力装置,这样既能节约测量时间,又能准确控制测量力,保证测量精度。

(3)在读测量数值时,要防止在固定套管上多读或少读 0.5 mm,建议与游标卡尺配合使用。

(4)不能用螺旋量具来测量毛坯或转动着的工件。

1.4.3 百分表

百分表是一种应用较多的精密机械量具,主要用于校正工件的安装位置,校验零件的形状、位置误差,也可用于测量零件的内径及机床上安装工件时的精度找正等,百分表的精度为 0.01 mm。

百分表的外形结构如图 1-12 所示,当测量杆向上或向下移动 1 mm 时,大指针转动一圈,小指针转动一小格。刻度盘在圆周上有 100 个等分格,每格的读数值为 0.01 mm,小指针每格读数 1 mm,它的刻度范围为百分表的测量范围。测量时指针读数的变动量即为尺寸变化值,刻度盘可以转动,供测量时大指针对准任一刻线或对零使用。

百分表常在磁性表架上使用,如图 1-13 所示,可以根据待测物件的特点,调节表架的姿态,从而便于测量。

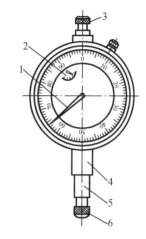

1—大指针;2—小指针;3—测帽;
4—装夹套;5—测量杆;6—测头。

图 1-12 百分表的外形结构

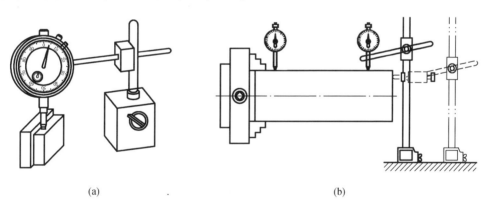

(a)   (b)

图 1-13 百分表的使用

1.4.4 直角尺与塞尺

直角尺如图 1-14(a)所示。它的两边成 90°角,所以又称为 90°角尺,用来检查工件的垂直度。使用时将它的一边与工件的基准面贴紧,然后使另一边与工件的另一表面接触(图 1-14(b)),如工件两个面不垂直,可根据缝隙判断误差状况(图 1-15(a)),也可用塞尺(图 1-15(b))检测其缝隙大小(或垂直度)。

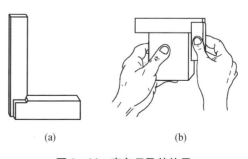

(a)   (b)

图 1-14 直角尺及其使用

如图1-15(b)所示,塞尺用于检查两贴合面之间的缝隙大小,它由一组薄钢片(塞尺片)组成,其厚度为0.03~0.3 mm。测量时将塞尺片直接塞进间隙,当一片或数片塞尺片能塞进两贴合面之间时,则一片或数片塞尺片的厚度(可由每片上的标记读出)即为两贴合面之间的间隙值。使用塞尺时必须先擦净工件和尺面,测量时不能用力太大,以免塞尺片弯曲或折断。

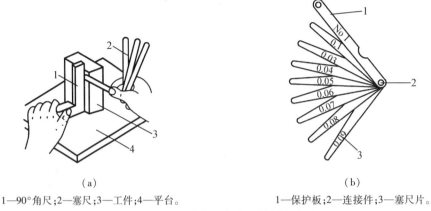

(a)　　　　　　　　　　　　　　(b)

1—90°角尺;2—塞尺;3—工件;4—平台。　　1—保护板;2—连接件;3—塞尺片。

图1-15　用直角尺和塞尺检测垂直度

1.4.5　量具的保养

量具的保养关系到量具的使用寿命和零件的测量精度。因此,必须做到以下几点:
(1)量具在使用前后必须用绒布擦干净。
(2)不能用精密量具去测量毛坯或运动着的工件。
(3)测量时不能用力过猛、过大,也不能测量温度过高的工件。
(4)不能把量具乱扔、乱放,更不能当工具使用。
(5)不能用脏油清洗量具,更不能注入脏油。
(6)量具用完,擦洗干净后涂油并放入专用的量具盒内。

复习思考题

1. 试分析车、铣、刨、钻、磨几种常用加工方法的主运动和进给运动。
2. 如何理解工件上有三个变化的表面与切削用量三要素?
3. 常用的机床传动机构有哪几种?
4. 判断以下测量结果的读数是否正确:
(1)用精度0.02 mm的游标卡尺测得物长5.351 cm。
(2)用精度0.01 mm的外径千分尺测得物长10.551 mm。
(3)用精度0.01 mm的百分表测得物高30.50 mm。

第 2 章　工程材料与热处理

2.1　工程材料

2.1.1　常用工程材料分类

工程材料是指具有一定性能,在特定条件下能够承担某种功能,被用来制造零件和工具的材料。工程材料有各种不同的分类方法。常用的工程材料可分为金属材料、非金属材料及复合材料三大类,如表 2 - 1 所示。

表 2 - 1　工程材料的分类

工程材料	金属材料	钢铁材料（黑色金属）	钢	碳素钢
				合金钢
			铸铁	灰口铸铁
				白口铸铁
				麻口铸铁
		非铁金属及其合金（有色金属及其合金）		
	非金属材料	工业陶瓷	普通陶瓷	
			特种陶瓷	
		塑料		
		橡胶		
	复合材料	纤维增强型复合材料		
		层叠型复合材料		
		细粒增强型复合材料		

2.1.2　工程材料的应用

金属材料来源丰富,并具有优良的使用性能和加工性能,是机械工程中应用最普遍的材料,常用以制造机械设备、工具、模具,广泛应用于工程结构中,如船舶、桥梁、锅炉等。

但随着科技与生产的发展,非金属材料与复合材料的应用也得到了迅速发展。工程非金属材料具有较好的耐蚀性、绝缘性、绝热性和优异的成形性能,而且质轻价廉,因此发展速度较快。以工程塑料为例,已广泛应用于轻工产品、机械制造产品、现代工程机械,如家用电器外壳、齿轮、轴承、叶片、汽车零件等;而陶瓷材料作为结构材料,具有强度高、耐热性好的特点,广泛应用于发动机、燃气轮机。复合材料则是将两种或两种以上成分不同的材料经人工合成获得的。它既保留了各组成材料的优点,又具有优于原材料的特性。在工程训练中,遇到的大多是金属材料,而且主要是钢铁材料。

2.1.3 金属材料简介

金属材料是最重要的工程材料,包括金属和以金属为基的合金。工业上把金属和其合金分为两大类:一类是钢铁材料,包括铁、锰、铬及其合金,其中以铁基合金(即钢和铸铁)应用最广;另一类是非铁金属,是指除钢铁材料以外的所有金属及其合金。由于钢铁材料力学性能比较优越,价格也较低,因此在工业中应用最广。

1. 碳素钢

碳素钢是指碳的质量分数低于2.11%,并有少量硅、锰以及磷、硫等杂质的铁碳合金。工业上应用的碳素钢碳的质量分数一般不超过1.4%,这是因为碳的质量分数超过此量后,表现出很大的硬脆性,并且加工困难,失去生产和使用价值,无法很好地满足相关的生产和使用要求。

(1)碳素钢的分类

①按含碳量,碳素钢可分为低碳钢、中碳钢、高碳钢。

②按质量,碳素钢可分为普通碳素钢、优质碳素钢、高级优质碳素钢、特级优质碳素钢。

③按用途,碳素钢可分为碳素结构钢、碳素工具钢。

(2)碳素钢的名称、牌号及用途

常用碳素钢的名称、牌号及用途如表2-2所示。

表2-2 常用碳素钢的名称、牌号及用途

名称	常用牌号	用途
碳素结构钢	Q235	焊接件、紧固件、轴、支座等
优质碳素钢	45Mn、65Mn	低碳钢强度低,塑性好,可制作容器、冲压件等; 中碳钢强度高,塑性适中,可制作轴、套类等; 高碳钢强度高,塑性差,可制作弹簧、轧辊等
碳素工具钢	T8、T10	用于制作冲模、锉刀、量规等

2. 合金钢

为了提高钢的力学性能、工艺性能或某些特殊性能,在冶炼中有目的地加入一些合金元素,这样炼出来的钢称为合金钢。生产中常用的合金元素有硅(Si)、锰(Mn)、铬(Cr)、镍(Ni)、钨(W)、钛(Ti)、铝(Al)、硼(B)等。合金元素的添加,大大提高了材料的性能,因此合金钢在制造机器零件、工具、模具及特殊性能工件方面得到了广泛的应用。

(1)合金钢的分类

①按合金元素含量,合金钢可分为低合金钢、中合金钢、高合金钢。

②按用途,合金钢可分为合金结构钢、合金工具钢、特殊性能钢。

(2)合金钢的名称、牌号及用途

常用合金钢的名称、牌号及用途如表2-3所示。

表2-3 常用合金钢的名称、牌号及用途

名称	常用牌号	用途
低合金结构钢	Q342、Q420	桥梁、车辆、重型机械等
合金调质钢	40Cr、35MnB	齿轮、轴类件、高强度螺栓等
滚动轴承钢	GCr15	轴承内外圈及滚动体等
量具钢	9Cr18	游标卡尺、外径千分尺等
模具钢	Cr12MoV	热锻模具等

3. 铸铁

铸铁是指碳的质量分数在2.11%~6.5%的铁碳合金。其主要组成元素为铁、碳、硅,并含有较多硫、磷、锰等杂质元素。由于铸铁具有良好的铸造性能、切削加工性、减振性、耐磨性、低的缺口敏感性,而且成本较低,因此在机械工业中得到广泛的应用。

(1)铸铁的分类

①按石墨形状,铸铁可分为灰铸铁、球墨铸铁、可锻铸铁和蠕墨铸铁。

②按断口颜色,铸铁可分为灰口铸铁、白口铸铁和麻口铸铁。

(2)铸铁的名称、牌号及用途

常用铸铁的名称、牌号及用途如表2-4所示。

表2-4 常用铸铁的名称、牌号及用途

名称	常用牌号	用途
灰口铸铁	HT150	机床床身、箱体、底座等
球墨铸铁	QT600-02	齿轮、连杆、曲轴等
蠕墨铸铁	RuT420	气缸盖、阀体等

4. 有色金属及其合金

有色金属是指Fe、Cr、Mn三种金属以外所有的金属。与黑色金属相比,有色金属具有更好的耐蚀性、耐磨性、导电性、导热性、韧性、塑性及更高的强度,具有放射性等特殊性能,具有良好的延展性,易于进行压力加工和轮制,是发展现代碳工业、现代国防和现代科学技术不可缺少的重要材料。

(1)铝及铝合金

①纯铝

纯铝密度小,导电、导热性好,耐蚀性强,在电气、航空航天和机械工业中,不仅用作功能材料,而且也是一种应用广泛的工程结构材料。纯铝按其纯度可分为高纯铝和工业纯铝两种。高纯铝的牌号为L01~L04四种,编号越大纯度越高;工业纯铝分为L1~L5五种,编号越大纯度越低。

②铝合金

铝中加入合金元素后就形成了铝合金。铝合金具有较高的强度和良好的加工性能。根据成分和加工特点,铝合金分为变形铝合金和铸造铝合金。

变形铝合金包括防锈铝合金、硬铝合金、超硬铝合金、锻铝合金几种。除防锈铝合金外,其他三种都属于可以热处理强化的合金。变形铝合金常用来制造飞机大梁、机架、起落架及发动机风扇叶片等高强度构件。

铸造铝合金是制造铝合金铸件的材料,按主要合金元素的不同,铸造铝合金分为铝硅合金、铝铜合金、铝镁合金、铝锌合金,其中使用最广泛的是铝硅合金。铸造铝合金主要用于制造形状复杂的零件,如仪表零件、各类壳体等。

(2)铜及铜合金

铜及铜合金是人类应用最早的一种金属。它具有优良的导电性、导热性和抗大气腐蚀能力,有一定的力学性能和良好的加工工艺性能。

①纯铜

纯铜因呈紫红色,过去又称为紫铜。根据所含杂质多少,我国工业纯铜分为 T1、T2、T3 和 T4 四级,编号越大纯度越低。

②黄铜

黄铜是以锌为主要合金元素的铜合金。按照化学成分,黄铜可分为普通黄铜和特殊黄铜两类。

在普通黄铜中加入铝、铁、硅、锰、铅、锡等合金元素,即可制成性能得到进一步改善的特殊黄铜。工业上常用的特殊黄铜有铝黄铜、锡黄铜和硅黄铜等。

黄铜不仅有良好的力学性能、耐蚀性能和工艺性能,而且价格也较纯铜低,因此广泛用于制造机械零件、电器元件和生活用品。

③青铜

青铜是在纯铜中加入一些合金元素,与纯铜(紫铜)相比,青铜熔点低,化学性质稳定,强度高,铸造性好,耐磨。常用的青铜可分为锡青铜、铝青铜、铍青铜、硅青铜和铬青铜等。

(3)硬质合金

硬质合金是在难熔的高硬度碳化钨、碳化钛、碳化钽和钴、镍等金属粉末中加入黏结剂,经混合、压制成形及高温烧结而制成的一种粉末冶金材料。

硬质合金具有硬度高、热硬性高、耐磨性好的特点,在常温下,硬质合金的硬度可达 75 HRC 以上,在 800～1 000 ℃ 下仍然有较高的硬度。用硬质合金制作的切削刀具,在切削速度、耐磨性与使用寿命等方面都比高速钢优越。常用的硬质合金有钨镍类硬质合金、钨钛钴类硬质合金及通用合金三类。

2.1.4 钢铁材料的鉴别

钢铁材料品种繁多,性能各异,因此对钢铁材料进行鉴别是非常必要的。常用的鉴别方法有火花鉴别法、色标鉴别法和音响鉴别法等。

1. 火花鉴别法

火花鉴别法是将钢铁材料轻轻压在旋转的砂轮上打磨,观察迸射出的火花形状和颜色,以判断钢铁成分范围的方法。火花鉴别的要点是:详细观察火花束粗细、长短、花次层叠程度和它的色泽变化情况。注意观察组成火花束的流线形态,火花束根部、中部及尾部的特殊情况及其运动规律,同时还要观察火花的爆裂形态、花粉的大小和多少。

(1)火花的组成和形成

火花由火花束、流线、节点、节花、芒线和花粉组成。节点就是流线上火花爆裂的原点,呈明亮点,节花就是节点处爆裂的火花,由许多小流线(芒线)及点状火花(花粉)组成。通常,节花可分为一次花、二次花、三次花、多次花等,如图2-1所示。

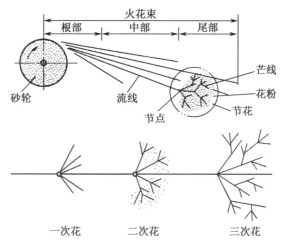

图2-1 火花的组成和形成

(2)常用钢铁材料的火花特征

碳是钢铁材料火花的基本元素,也是火花鉴别法测定的主要成分。钢铁含碳量不同,其火花形状也不同。

①碳素钢的火花特征

碳素钢的含碳量越高,则流线越多。随着含碳量增加火花束变短,爆花增加,花粉也增多,火花亮度增加。

20钢:火花束长,颜色橙黄带红,流线呈弧形,芒线多叉,节花为一次花,如图2-2所示。

45钢:火花束稍短,颜色橙黄,流线较细长而多,芒线多叉,花粉较多,节花为三次花,如图2-3所示。

T10钢:火花束短粗,颜色暗红,流线细密,碎花,花粉多,节花为多次花,如图2-4所示。

图2-2 20钢的火花特征　　图2-3 45钢的火花特征　　图2-4 T10钢的火花特征

②铸铁的火花特征

铸铁的火花束较粗,颜色多为橙红带橘红,流线较多,尾部渐粗,下垂成弧形,节花一般为二次花,花粉较多,火花试验时手感较软。图2-5所示为HT200钢的火花特征。

③合金钢的火花特征

合金钢中的各种合金元素对其火花形状、颜色产生不同的影响,如可抑制或助长火花的爆裂等。因此,也可根据其火花特征,基本上鉴定出合金元素的种类及大致含量,但不如碳钢的火花鉴定那样容易和准确,较难掌握。图 2-6 所示为 W18Cr4V 钢的火花特征示意图,其火花束细长,呈橙色,发光极暗,流线数量少,中部和根部为断续,有时夹有波纹状流线;由于钨的影响,几乎没有火花爆裂,尾端膨胀、下垂成弧状尾花。

图 2-5　HT200 钢的火花特征

图 2-6　W18Cr4V 钢的火花特征

2. 色标鉴别法

生产中为了表明金属材料的牌号、规格等,在材料上需要做一定的标记,常用的标记方法有涂色、打印、挂牌等。金属材料的涂色标记用以表示钢种、钢号的颜色,涂在材料端的端面或外侧,成捆交货的钢应涂在同一端的端面上,盘条则涂在卷的外侧。具体的涂色方法在有关标准中做了详细的规定,生产中可以根据材料的色标对钢铁材料进行鉴别。常见金属材料涂色标记如表 2-5 所示。

表 2-5　常见金属材料的涂色标记

材料种类	牌号	标记	材料种类	牌号	标记
碳素结构钢	Q235	红色	合金结构钢	20CrMnTi	黄色 + 黑色
优质碳素结构钢	20	棕色 + 绿色		42CrMo	绿色 + 紫色
	45	白色 + 棕色	铬轴承钢	GCr15	蓝色
	60Mn	绿色三条	不锈钢	1Cr18Ni9	绿色 + 蓝色
高速钢	W18Cr4V	棕色 + 蓝色	热作模具钢	5CrMnMo	紫色 + 白色

3. 音响鉴别法

根据钢铁敲击时发出的声音不同,以区别钢和铸铁的方法称为音响鉴别法。生产现场有时也可采用敲击辨音来区分材料。如当原材料钢中混入铸铁材料时,由于铸铁的减振性较好,敲击时声音较低沉,而钢材敲击时则可发出较清脆的声音。故可根据钢铁敲击时声音的不同,对其进行初步鉴别,但有时准确性不高。而当钢材之间发生混淆时,因其声音比较接近,常需采用其他鉴别方法进行判别。

若要准确地鉴别材料,在以上几种生产现场鉴别方法的基础上,一般还可采用化学分析、金相检验、硬度试验等实验室分析手段对材料进行进一步的鉴别。

2.2 钢的热处理

2.2.1 热处理的概念

热处理是采用适当的方式对金属材料或工件进行加热、保温和冷却,以获得所需要的组织结构和性能的工艺。通过控制加热温度、保温时间和冷却速度,来实现对不同材料、不同热处理的要求。钢的热处理工艺曲线如图2-7所示。

热处理与其他加工方法(如铸造、锻压、焊接和切削加工)不同,它不改变工件的形状和大小,只改变工件的内部组织和性能。热处理的目的是改善钢的性能,如强度、硬度、塑性、韧性、耐磨性、耐蚀性、加工性能等。

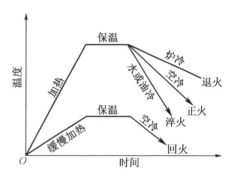

图2-7 热处理工艺曲线

2.2.2 钢的热处理工艺

1. 退火

退火是将钢加热到适当温度,保温一定时间,然后缓慢冷却的热处理工艺。其目的是消除残留应力,稳定工件尺寸并防止其发生变形与开裂;降低硬度,提高塑性,改善可加工性;细化晶粒,改善组织,为最终热处理做准备。按金属成分和性能要求的不同,退火可分为完全退火、球化退火及去应力退火。

2. 正火

正火是将钢加热到适当温度,保温一定时间后,在空气中自然冷却的热处理工艺。正火与退火类似,但冷却速度比退火快。钢件在正火后的强度和硬度较退火稍高,但消除残留应力不彻底。因为正火冷却较快、操作简便、生产率高,所以在可能的情况下一般优先采用正火。低碳钢件多用正火代替退火。

3. 淬火

淬火是将钢加热到适当温度,保持一定时间,然后在水、油或其他无机盐溶液等介质中快速冷却获得马氏体或贝氏体组织的热处理工艺。工件经淬火后可获得高硬度的组织,因此淬火可提高钢的强度和硬度。但工件在淬火后脆性增加,内部产生很大的内应力,使工件变形甚至开裂。所以,工件淬火后一般都要及时进行回火处理,并在回火后获得适当的强度和韧性。

淬火操作时要注意工件浸入淬火剂的方法。如果浸入方式不正确,可能使工件各部分的冷却速度不一致而造成很大的内应力,使工件发生变形和裂纹,或产生局部淬不硬等缺陷。例如,钻头、轴杆类等细长工件应以吊挂的方式垂直地浸入淬火液中;薄而平的工件,不能平着放入而必须立着放入淬火剂中,使工件各部分的冷却速度趋于一致。

4. 回火

回火是钢件淬硬后,再加热至适当温度,保温一定时间,然后冷却到室温的热处理工艺。回火的目的是减小或消除工件在淬火时所形成的内应力,适当降低淬火钢的硬度、减小脆性,使工件获得较好的强度和韧性,即较好的综合力学性能。

根据回火温度不同,回火操作可分为低温回火、中温回火和高温回火。

5. 表面热处理

生产中常遇到有些零件(如齿轮、销轴等)在工作时,既承受冲击,又承受表面摩擦,这些零件常用表面热处理,保证"表硬心韧"的使用性能。表面热处理是指仅对工件表层进行热处理以改变其组织和性能的工艺,通常可分为表面淬火和表面化学热处理两类。如实习制作的手锤,表面要求一定的硬度,而心部没有必要要求很高的硬度,此时可以采用表面淬火的热处理工艺达到预期的目的。

(1) 表面淬火

钢的表面淬火是通过快速加热将钢件表面层迅速加热到淬火温度,然后快速冷却下来的热处理工艺。通常钢件在表面淬火前均进行正火或调质处理,表面淬火后应进行低温回火。这样,不仅可以保证其表面的高硬度和高耐磨性,而且可以保证心部的强度和韧性。

按照加热方法不同,表面淬火分为火焰加热表面淬火和感应加热表面淬火(也称高频淬火)。

① 火焰加热表面淬火

火焰加热表面淬火是以高温火焰为热源的一种表面淬火方法,淬硬层一般为 2~6 mm。它适合于中碳钢和中碳合金钢的大型工件的表面淬火。火焰加热表面淬火简单易行,适合于单件小批量生产,但火焰加热温度不易控制,难以保证工件质量,所以现在使用不多。图 2-8 所示为火焰加热表面淬火示意图。

② 感应加热表面淬火

感应加热表面淬火是利用电磁感应原理加热工件表面,并快速冷却的淬火工艺。图 2-9 所示为感应加热表面淬火示意图。

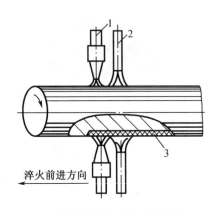

1—火焰加热器;2—淬火介质喷嘴;
3—淬火表面。

图 2-8 火焰加热表面淬火示意图

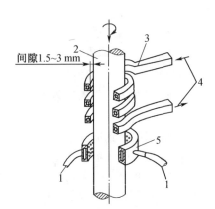

1—淬火剂;2—工件;3—电热感应圈;
4—感应圈冷却水;5—淬火喷水套。

图 2-9 感应加热表面淬火示意图

当导体线圈中通过一定频率的交流电时,在线圈周围将产生一个频率相同的交变磁场,于是工件内就会产生频率相同、方向相反的感应电流。感应电流在工件内自成回路,称为"涡流"。涡流主要集中在工件表层,而且频率越高,电流集中的表层越薄。由于钢本身具有电阻,因此集中于工件表面的涡流可使表层迅速加热到淬火温度,而心部温度仍然接近室温,随即喷水快速冷却后,就达到了表面淬火的目的。

(2)表面化学热处理

表面化学热处理就是将钢件在含有活性介质中加热一定时间,使某些化学元素(碳、氮、铝、铬等)渗入零件表层,改变零件表层的化学成分和组织,以提高零件表面的硬度、耐磨性、耐热性和耐蚀性等。常用的表面化学热处理有渗碳、渗氮、碳氮共渗等方法。

2.2.3 热处理加热炉和硬度计

1. 热处理加热炉

常用热处理加热炉按热源可分为燃料炉(如煤炉、油炉、煤气炉等)和电阻炉两大类,按工作温度又分为低温炉(<650 ℃)、中温炉(650~1 000 ℃)和高温炉(>1 000 ℃)。生产上常用的是电阻炉。

电阻炉是电流通过电阻发热体(如硅碳棒、电阻丝等)时,由电流的热效应而产生热能,借助于辐射和对流作用,将热量传递给工件,并加热工件,同时用热电偶等电热仪表控制温度。电阻炉操作简便,控温准确。电阻炉有箱式炉和井式炉等,如图2-10所示。用电阻炉加热工件时,要注意工件的放置,特别在使用井式炉时注意防止工件由于自身重力所引起的变形。操作时还要注意防止触电,电阻炉应安装炉门开启断电装置,以保证操作安全,防止发生事故。

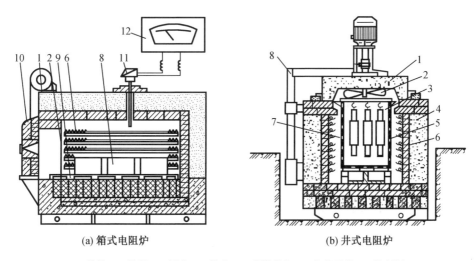

(a) 箱式电阻炉　　　(b) 井式电阻炉

1—炉体;2—炉膛;3—风扇;4—炉盖;5—升降机构;6—电热元件;7—装料框;
8—工件;9—耐热底板;10—炉门;11—热电偶;12—温控仪。

图2-10　电阻炉结构

2. 硬度计

硬度是材料抵抗外物压入其表面的能力,是衡量材料软硬程度的一种力学性能指标。其大小可用硬度计来测定。通常的硬度指标有布氏硬度(用 HBW 表示)、洛氏硬度(用 HRC 表示)和维氏硬度(用 HV 表示)等,工厂中常用布氏硬度和洛氏硬度。

(1)布氏硬度的测定原理如图2-11所示。用直径为 D 的硬质合金球,在规定的载荷 F 作用下压入试样表面,保持一定时间后,卸除载荷,取下试样,用读数显微镜测出表面压痕直径 d,根据压痕直径、压头直径及所用载荷查表,可求出布氏硬度值。布氏硬度为压痕单位球面积上承受的载荷,单位为 N/mm²。

(2)洛氏硬度的测定是用顶角为 120°的金刚石圆锥或直径为 1.588 mm 的淬火钢球作压头,以相应的载荷压入试样表面,由压痕深度确定其硬度值。压痕越浅,硬度越高。洛氏硬度可从硬度计读数装置上直接读出,如图 2-12 所示。

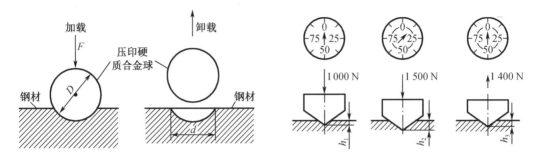

图 2-11　布氏硬度(HBW)测定原理　　　图 2-12　洛氏硬度(HRC)测定原理

2.3　热处理实习安全技术

热处理实习中要特别注意下列安全事项及操作规程:
(1)操作前准备工作。如检查设备是否正常,确认工件,制订相应的热处理工艺等。
(2)根据工件大小选择加热炉的型号。工件装炉时,要留有间隙,以免影响加热质量。
(3)工件淬火冷却时,应根据工件不同的成分和其力学性能不同的要求来选择冷却介质。如钢退火时一般是随炉冷,淬火冷却时碳素钢则一般在水中冷却,而合金钢一般在油中冷却。冷却时为防止冷却不均匀,工件放入淬火槽里后要不断地摆动,必要时淬火槽内的冷却介质还要进行循环流动。
(4)工件淬入淬火槽中淬火时要注意淬入的方式,避免由此引起的变形和开裂。如厚薄不均的工件,厚的部分应先浸入;对细长的、薄而平的工件应垂直浸入;对有槽的工件,槽口向上浸入。
(5)热处理后的工件出炉后要进行清洗或喷丸,并检验硬度和变形。

复习思考题

1. 常用工程材料分为哪几类?黑色金属是如何分类的?
2. Q235 钢、45 钢、T10 钢和 HT150 钢的名称是什么?它们常用于制造什么零件?
3. 如何鉴别 20 钢和 T10 钢?
4. 常用的热处理工艺有哪些?表面热处理的目的是什么?
5. 淬火后为什么一定要进行回火处理?

第3章 铸 造

3.1 概 述

铸造是指熔炼金属,制造铸型并将熔融金属浇入铸型型腔,冷却凝固后获得一定形状和性能铸件的毛坯成型方法。铸造的优点是可以铸出各种规格及复杂形状的铸件,特别是可以铸出内部形状复杂的铸件,且生产成本低,材料来源广,所以铸造是机械制造中获取零件毛坯的主要方法之一。

铸造的种类很多,主要有砂型铸造和特种铸造。特种铸造包括金属型铸造、压力铸造、离心铸造等,其中以砂型铸造应用最广泛。

砂型铸造的典型工艺过程包括:制造模样和芯盒、制备型砂和芯砂、造型制芯、合箱、浇注、落砂清理及检验。图3-1所示是套筒类零件的砂型铸造工艺过程。

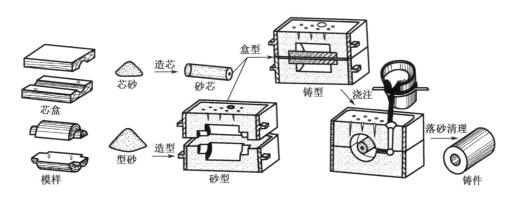

图3-1 套筒类零件的砂型铸造工艺过程

用铸造方法所得到的金属毛坯件称为铸件。在机器设备中,铸件所占的比重较大,如机床、内燃机等机械中,铸件的质量约占机器总质量的75%以上。

3.2 砂型铸造

3.2.1 造型材料

制造砂型与型芯的材料称为造型材料。砂型铸造选用的造型材料主要是型砂和芯砂,其性能对造型工艺、铸件质量等有着很大的影响,铸件上的砂眼、气孔和裂纹等缺陷均与型(芯)砂的质量有关。因此,合理选用型(芯)砂对提高铸件质量和降低铸件成本具有重要意义。

型(芯)砂是由原砂、黏结剂、适量的水和附加物组成的。

(1)原砂

原砂是型(芯)砂的主体,以石英砂应用最广,其主要成分为石英和少量泥分及杂质。

原砂的颗粒形状、大小及分布对型砂的性能有很大影响。

（2）黏结剂

黏结剂是用来黏结砂粒的材料。常用的黏结剂主要有黏土、水玻璃、树脂、油脂及水泥等。

（3）附加物

附加物是用来改善型（芯）砂的某些性能而加入的材料。在中小型铸件用的湿型砂中加入煤粉、重油，可防止黏砂，提高铸件表面质量；在干型砂或芯砂中加入锯木屑，可改善型（芯）砂的透气性和退让性。

3.2.2 造型方法

造型是砂型铸造的基本工序，其工艺过程包括准备工作、安放模型、填砂、紧砂、起模、修型和合箱等主要工序。造型方法分为手工造型和机器造型两大类。手工造型适用于单件小批量生产，机器造型适用于大批量生产。

1. 手工造型

手工造型是全部用手工或手动工具完成的造型方法。它具有操作灵活、适应性强、生产准备时间短等特点，但生产效率低，劳动强度大，操作技能要求高。根据铸件的形状、大小、生产批量和生产条件，采用不同的手工造型方法。

（1）整模造型

整模造型是用整体模型进行造型的方法。其特点是模型为整体模，分型面是平面，铸型的型腔全部位于一个砂箱内，操作方便，不会错箱，铸件的精度和表面质量较好，适用于最大截面位于一端且是平面的、简单铸件的单件小批量生产，如齿轮坯、压盖、轴承座等。

（2）分模造型

分模造型是用沿模型最大截面处将其分成两半，并用销钉定位的分开模型进行造型的方法。它是造型方法中应用最为广泛的。其特点是模型为分开模，型腔一般位于上、下箱内，造型简便，易于下芯和安放浇注系统，适用于套类、管类及阀体等最大截面在中间且是平面的、形状较复杂的铸件的单件小批量生产，如套筒、水管、立柱等。分模造型的工艺过程如图3-2所示。

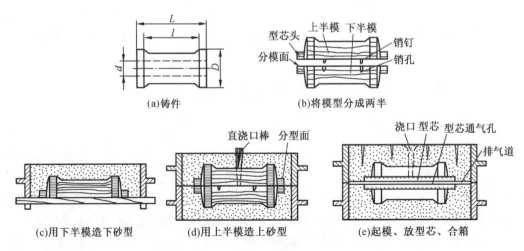

图3-2 分模造型的工艺流程

(3)活块造型

活块造型是将模型侧面妨碍起模的凸起部分做成活动的模块(活块),起模或脱芯后,再将活块取出的造型方法。活块用销钉或燕尾榫与模型本体相连。其特点是可减少型芯数量及简化分型面的结构,但操作较复杂,操作技能要求高,生产效率低,模型、砂型易损坏且修补困难,适用于铸件的单件小批量生产。活块造型的工艺过程如图3-3所示。成批生产或活块厚度大于铸件该处壁厚时,可用外砂芯代替活块,以便造型,如图3-4所示。

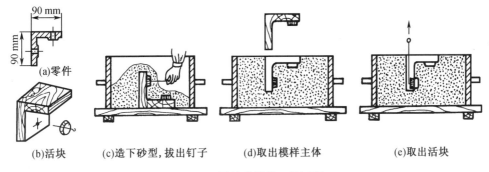

(a)零件　(b)活块　(c)造下砂型,拔出钉子　(d)取出模样主体　(e)取出活块

图3-3　活块造型的工艺过程

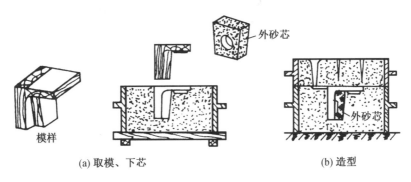

(a)取模、下芯　　(b)造型

图3-4　用外砂芯代替活块造型的工艺过程

(4)挖砂造型和假箱造型

挖砂造型是指铸件的最大截面为曲面,且要求整模造型,造型时需挖出阻碍起模的型砂的造型方法。其特点是操作技能要求高,生产效率低,适用于分型面不是平面的铸件的单件小批量生产。挖砂造型的工艺过程如图3-5所示。

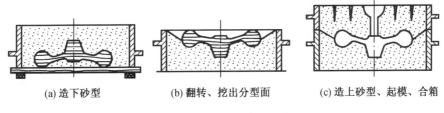

(a)造下砂型　　(b)翻转、挖出分型面　　(c)造上砂型、起模、合箱

图3-5　挖砂造型的工艺过程

挖砂造型一定要挖到模型的最大截面处。挖砂所形成的分型面应平整光滑,坡度不能

太陡,以利于顺利地开箱。大批量生产时,常采用假箱造型(图3-6)或成型底板造型(图3-7)来代替挖砂造型,可大大提高生产效率和铸件质量。假箱只用于造型,不参与浇注。假箱一般用强度较高的型砂制成,要求能多次使用,分型面应光滑平整,位置准确。当生产数量更大时,可用木制的成型底板代替假箱。

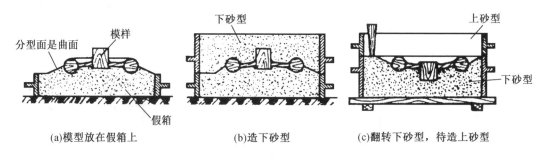

图3-6 假箱造型的工艺过程

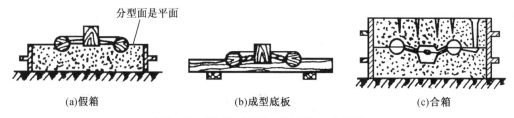

图3-7 假箱与成型底板造型的工艺过程

(5)刮板造型

刮板造型是不用模型而用刮板操作的造型和造芯方法。刮板是一块与铸件断面形状相适应的木板,造型时根据砂型的型腔或砂芯的表面形状,引导刮板做旋转、直线或曲线运动,从而在砂型中刮制出所需要的型腔。刮板造型的特点是节省模型材料及费用,缩短生产周期,但造型生产率低,操作技能要求高,铸件的尺寸精度差,适用于回转体或等截面大、中型铸件的单件小批量生产,如皮带轮、弯管等。刮板造型的工艺过程如图3-8所示。

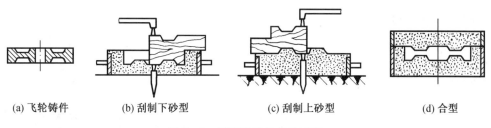

图3-8 刮板造型的工艺过程

2.机器造型

机器造型是用机器全部完成或至少完成紧砂操作的造型方法,是现代化铸造生产的基本方式。其特点是生产效率高,劳动条件好,环境污染小,铸件的尺寸精度和表面质量高,但设备和工艺装备费用高,生产准备时间长,适用于中、小型铸件的成批生产。

(1)紧砂方式

目前,机器造型绝大部分都是以压缩空气为动力来紧实型砂的。常用的紧砂方式有震实、压实、震压、抛砂和射砂等,其中震压式应用最广。图3-9所示为震压紧砂机。抛砂紧实(图3-10)能同时完成填砂与紧实两个工序,生产效率高,型砂紧实密度均匀,可用于任何批量的大、中型铸件或大型芯的生产。

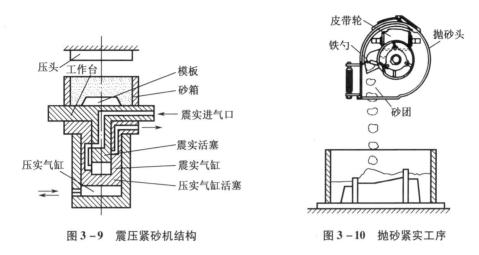

图3-9 震压紧砂机结构　　　　图3-10 抛砂紧实工序

(2)起模方式

造型机都装有起模机构,其动力也多半应用压缩空气,目前应用广泛的起模方式有顶箱、漏模和翻转三种,如图3-11所示。顶箱起模的造型机构比较简单,但起模时易漏砂,只适用于型腔简单且高度较小的铸型;漏模起模的造型机构一般用于形状复杂或高度较大的铸型;翻转起模的造型机构一般用于型腔较深、形状复杂的铸型。

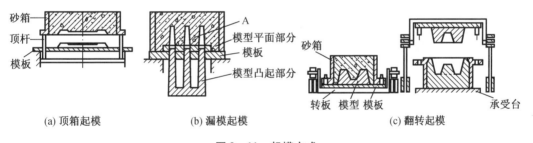

图3-11 起模方式

3.2.3 造芯

型芯是砂型的一部分,用来形成铸件的内腔或用于组成铸件的外形。造芯即是制造型芯的过程。

1. 型芯的技术要求及工艺措施

型芯在浇注时受到高温液态金属的冲击和包围,且承受较大的浮力。因此,型芯应比砂型具有更高的强度、透气性和退让性等性能,并易从铸件上清除。除了芯砂要满足要求外,在造芯时还应采取一定的工艺措施。

(1)在型芯内放置芯骨以提高强度。小型芯的芯骨用钢丝制成,大、中型芯的芯骨用铸铁铸成,较大的芯骨上还应制出吊环以便吊运,如图3-12所示。

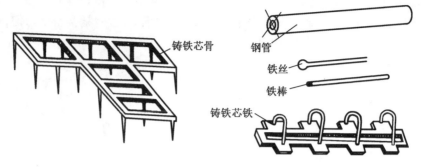

图 3-12 型芯骨

(2) 在型芯内开通气道以提高型芯的透气性，大型芯内部应放入焦炭以便排气，如图 3-13 所示。

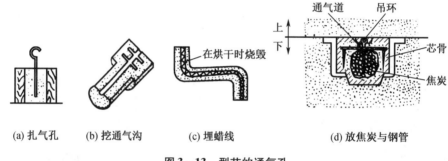

(a) 扎气孔　　(b) 挖通气沟　　(c) 埋蜡线　　(d) 放焦炭与钢管

图 3-13 型芯的通气孔

(3) 在型芯表面刷涂料以提高耐火性，防止黏砂并保证铸件内腔表面质量。铸铁型芯刷石墨涂料，铸钢型芯刷石英粉涂料，有色金属型芯刷滑石粉涂料。

(4) 重要的型芯都需烘干，以提高型芯的强度和透气性。

2. 造芯的方法

造芯分为手工造芯和机器造芯。机器造芯的生产率高，紧实均匀，型芯质量好，适用于成批大量生产。手工造芯适用于单件小批量生产。芯盒的空腔形状与铸件的内腔相适应，通常有三种结构：整体芯盒制芯，适用于形状简单的中、小型芯；对开芯盒制芯，适用于对称形状的型芯，分为垂直式和水平式；组合式芯盒制芯，适用于形状复杂的中、大型型芯，芯盒由许多活块拼合而成。

3. 型芯的固定方式

型芯在铸型中的定位主要靠型芯头。型芯头必须有足够的尺寸和合适的形状将型芯正确、牢固地固定在铸型型腔内。型芯按其固定方式可分为垂直式、水平式和特殊式（如悬壁芯头、吊芯等）。当铸件的形状特殊，单靠型芯头不能固定时可用型芯撑予以固定。

3.2.4　造型工艺

造型工艺主要是指分型面、浇注位置的选择和浇注系统的设置，它们直接影响着铸件的质量和生产效率。

1. 分型面、分模面与浇注位置

分型面是指上砂型与下砂型之间的接触表面,分模面是指模型上分开的切面,它们均可以是平面、斜面或曲面。浇注位置是指浇注时铸件在铸型中所处的位置。

分型面和浇注位置常在一起表示,图中用横线表示分型面,用汉字"上""下"和箭头表示浇注位置。

2. 分型面、浇注位置的选择

分型面、浇注位置的合理选择,将利于提高铸件质量,简化造型工艺,降低生产成本,选择时主要考虑以下原则:

(1) 分型面应尽量选取在铸件的最大截面处,以便造型和起模。

(2) 分型面的形状应简单平直,数量尽可能地减少,以利于简化造型、减少错箱。如图3-14 所示的绳轮铸件,采用环状型芯以便于在大批量生产时使用机器造型。

(3) 尽量使铸件全部或大部分位于同一砂箱内,尽量减少型芯、活块的数量,避免吊砂,并利于型芯的定位、固定与排气。

(4) 铸件上重要的加工面应朝下或处于垂直的侧面。如图3-15 所示的导轨即为加工面朝下。

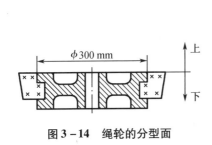

图3-14 绳轮的分型面　　　　图3-15 导轨的分型面

3. 模型、型腔、铸件与零件

模型是造型模具,用来形成铸件的外部形状。模型在单件小批量生产中用木材制成,在大批量生产中用铸造铝合金、塑料等制成。铸造生产中,用模型制得型腔,将液态金属浇入型腔冷却凝固后获得铸件,铸件经切削加工最后成为零件。

在形状上,铸件和零件的差别在于有无拔模斜度、铸造圆角和较小的孔、槽等;铸件是整体的,模型则可能是由几个部分(包括活块)组成的。铸件上有孔的部位,其模型则可能是实心的,甚至还多出芯头的部分。

4. 浇注系统的设置

浇注系统是指在铸型中用来引导液态金属流入型腔的通道。合理地设计浇注系统的形状、尺寸和流入型腔的位置,将可以保证液态金属平稳地流入并充满型腔,有效地调节铸件的凝固顺序,防止熔渣、砂粒或其他杂质进入型腔。

(1) 浇注系统的组成及作用

浇注系统主要由冒口、外浇口、直浇道、横浇道和内浇道组成,如图3-16 所示。

① 外浇口

外浇口又称浇口杯,形状常为漏斗形(用于中小型铸件)或盆形(用于大型铸件)。其作用是承接来自浇包的液态金属并起缓冲作用,以使液态金属平稳地流入直浇口,分离熔渣使其浮于液面并防止气体卷入浇道。

②直浇道

直浇道是浇注系统中的垂直通道,形状常为圆锥形,上大下小。其作用是利用本身的高度产生一定的静压力和流速,保证液态金属充满型腔。直、横浇道相接处应做成较大的圆形窝座,以利于液态金属在直浇道底部返回后平稳地流入横浇道。

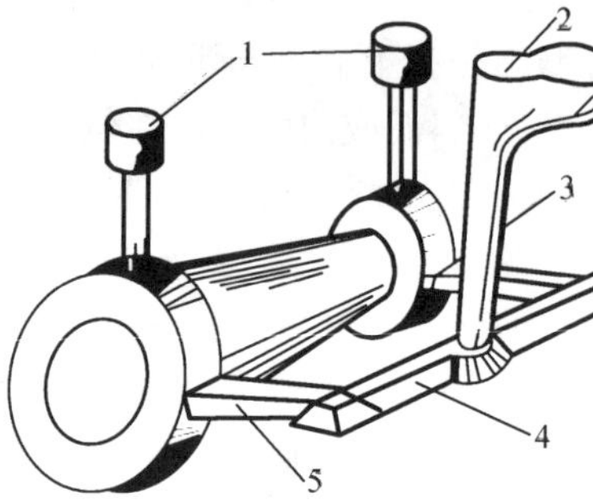

③横浇道

横浇道是开在上箱分型面上的常为梯形截面的水平通道。其起到挡渣和缓冲的作用,使液态金属平稳地合理分流至各内浇道。

1—冒口;2—外浇口;3—直浇道
4—横浇道;5—内浇道。

图 3-16 浇注系统

④内浇道

内浇道是液态金属直接流入型腔的通道,截面多为扁梯形或三角形,其作用是控制液态金属流入型腔的方向和速度,调节铸件各部分的冷却速度,对铸件的质量影响极大。内浇道通常开在下箱分型面上,其具体位置要根据铸件的结构特点来确定。内浇道的位置和方向的设置应做到尽量缩短液态金属进入铸型及在型腔中的途径,以利于挡渣和避免液态金属冲刷型芯或铸型壁(图3-17、图3-18),内浇道还应避免开设在重要的加工面及非加工面上,以免影响内在及外观质量。

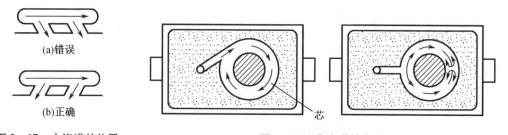

图 3-17 内浇道的位置　　图 3-18 内浇道的方向

(2)浇注系统的类型

浇注系统是按照内浇道在铸件上开设的位置分类的,主要有顶注式、底注式、侧注式和阶梯式等(图3-19)。一般根据铸件的形状、尺寸、壁厚和质量要求选择浇注系统的类型。顶注式浇注系统适用于质量小、高度小、形状简单及不易氧化材料的薄壁和中等壁厚的铸件;底注式浇注系统适用于中大型厚壁、形状较复杂、高度较大的铸件和某些易氧化的合金铸件,如铝、镁合金大铸件和铸钢件;侧注式浇注系统适用于两箱造型的中小型铸件;阶梯式浇注系统适用于高度在400 mm以上的大型复杂铸件(如机床床身)。

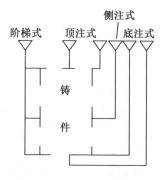

图 3-19 浇注系统的类型

3.2.5 铸型

铸型是用型砂、金属材料或其他耐火材料制成的,主要是由上型(上箱)、下型(下箱)、浇注系统、型腔、型芯、冒口和出气孔等组成的整体,如图3-20所示。用型砂制成的铸型称为砂型。砂型用砂箱支撑,是形成铸件形状的工艺装置。

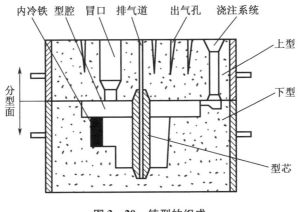

图 3-20 铸型的组成

冒口是供补缩铸件用的铸型空腔,内存液态金属。冒口一般设置在铸件厚壁处最后凝固的部位,以获得无缩孔的铸件。其形状多为球顶圆柱形或球形,分为明冒口和暗冒口两种。明冒口顶部与大气相通,还有观察、排气和集渣的作用,应用较广;暗冒口顶部被型砂覆盖,造型操作复杂,但补缩效果比明冒口好,如图3-21所示。

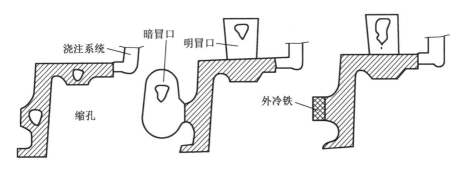

图 3-21 冒口和冷铁

冷铁是在铸型、型芯中安放的金属物,以提高铸件厚壁处的冷却速度,消除缩孔和裂纹。其一般用铸钢或铸铁制成,分为外冷铁和内冷铁两种。外冷铁作为铸型的一个组成部分(图3-21),内冷铁多用于厚大而不十分重要的铸件(图3-20)。

3.2.6 合箱

合箱是将铸型的各个组成部分组合成一个完整铸型的操作过程。合箱是制造铸型的最后一道工序,应保证铸型型腔几何形状及尺寸的准确和型芯的稳固。合箱后,应将上、下型紧扣(紧固装置)或放上压铁,以防止浇注时上型被液态金属浮起,产生"跑火"或抬箱现象。

3.3 特种铸造

特种铸造是指除砂型铸造以外的其他铸造方法,如压力铸造、离心铸造、熔模铸造等。这些铸造方法各有其优越之处,但在应用上也各有其局限性。

3.3.1 压力铸造

压力铸造简称压铸,是在高压作用下将液态金属以较高速度射压进入高精度的型腔内,在保压状态下快速凝固,以获得优质铸件的高精度、高效率铸造方法。压力铸造的基本特点是高压(5~150 MPa)和高速(5~100 m/s)。

压力铸造的基本设备是压铸机。压铸机可分为热室压铸机和冷室压铸机两大类。压力铸造时使用的模具称为压铸模,主要由动模和定模两大部分组成:定模固定在压铸机的定模座板上,由浇道将压铸机压室与型腔连通;动模随压铸机的动模座板移动,完成开合型动作。完整的压铸模包括模体部分、导向装置、抽芯机构、顶出机构、浇注系统、排气和冷却系统等部分。图3-22 所示是压铸模总体结构示意图。

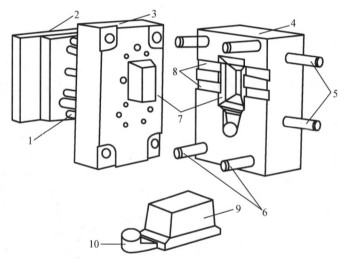

1—顶杆;2—顶杆板;3—动模;4—定模;5—冷却水管;6—导柱;
7—型腔;8—排气槽;9—铸件;10—浇注系统。

图3-22 压铸模总体结构示意图

1. 模体部分

模体部分包括定模和动模,模体闭合后构成型腔。

2. 导向装置

导向装置包括导柱和导套,其作用是使动模按预定方向移动,保证动模和定模在安装及合型时的正确位置。

3. 抽芯机构

模具上用于抽出活动型芯的机构称为抽芯机构。凡是阻碍铸件从压铸模内取出的成型部分,都必须做成活动的型芯或型块,在开模前或开模后自铸件中取出。

4. 顶出机构

顶出机构的作用是在开模过程中将铸件顶出铸型,以便取出铸件。卧式冷室压铸机工作示意图如图 3-23 所示。

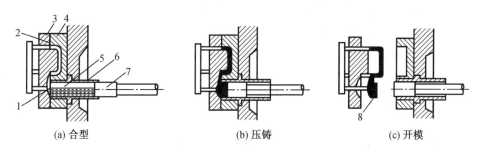

(a) 合型　　　　　(b) 压铸　　　　　(c) 开模

1—浇道;2—型腔;3—动模;4—定模;5—液态金属;6—压室;7—压射冲头;8—余料。

图 3-23　卧式冷室压铸机工作示意图

压铸是目前铸造生产中最先进的工艺之一。它的主要特点是生产率高,平均每小时可压铸 50~500 次,可进行半自动化或自动化的连续生产;产品质量好,尺寸精度高于金属型铸造,所得铸件强度比砂型铸造高 20%~40%。但压铸设备的投资大,压铸模制造复杂、周期长、费用高,只适用于大批量生产,常用于压铸复杂重要的铝、镁、锌合金零件。

3.3.2　离心铸造

离心铸造是将液态金属浇入高速旋转(250~1 500 r/min)的铸型中,使其在离心力作用下填充铸型和凝固而获得所需铸件的方法。离心铸造在离心铸造机上进行,铸型采用金属型或砂型,既可绕垂直轴旋转,也可绕水平轴旋转,如图 3-24 所示。离心铸造时,液态金属在离心力作用下结晶凝固,可获得无缩孔、气孔、夹杂的铸件,且组织致密,力学性能好。此外,离心铸造不需要浇注系统,减少了金属的消耗量。但离心铸造所得到的筒形铸件内孔尺寸不准确,内孔表面上有较多的气孔、夹渣,因此需要适当加大内孔的加工余量。离心铸造目前主要用于生产空心回转体零件,如铸铁管、气缸套、铜套双金属滑动轴承等。

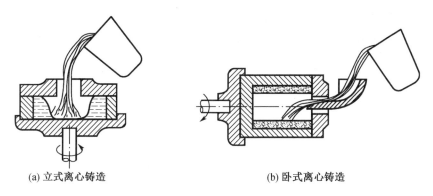

(a) 立式离心铸造　　　　　(b) 卧式离心铸造

图 3-24　离心铸造示意图

3.3.3　熔模铸造

熔模铸造是指用易熔材料(蜡料)制成模型,在其上涂若干层耐火材料,形成硬壳,熔化模型后经高温焙烧即可浇注而获得铸件的方法。它是一种精密铸造方法,是少切削和无切削加工的重要方法之一。

熔模铸造又称失蜡铸造,其工艺过程主要包括制造蜡模、制出耐火型壳、造型和浇注,如图3-25所示。熔模铸造的铸型无分型面,可铸出各种形状复杂的薄壁铸件(最小壁厚可达0.3 mm),且尺寸精度和表面质量高,尺寸精度为IT11~IT14,表面粗糙度 Ra 值为1.6~12.5 μm。熔模铸造能适用于各种合金,适应于各种生产类型,并能实现机械化流水线生产。但熔模制造的工艺过程复杂,生产周期长,生产成本高,不宜生产大铸件。

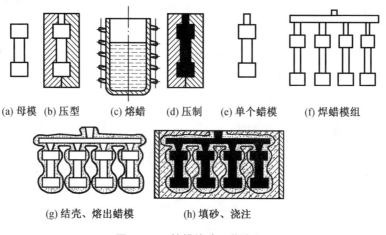

图3-25 熔模铸造工艺流程

3.4 铸造实习安全技术

铸造实习中要特别注意下列安全事项:
(1)进入铸造车间,应注意安全,特别要留意地面的物品和空中的行车。
(2)造型时不可用嘴吹型砂和芯砂,造型用具不能随处乱放。
(3)砂箱要放置平稳,搬动砂箱时要注意扶稳轻放,防止被压伤。
(4)浇注前浇包必须烘干。扒渣等工具不得生锈或沾有水分。浇注时与操作无关的人员必须远离浇包。
(5)未放压铁或未卡紧的砂箱不得浇注,严禁两脚站在砂箱上进行浇注。
(6)取拿铸件前应注意是否完全冷却,清理铸件时要防止砂粒和碎屑飞出伤人。

复习思考题

1.试述砂型铸造的工艺过程。
2.型砂的组成是什么,它应具备哪些性能?谈谈影响性能的主要因素。
3.常用手工造型的方法有哪几种,其工艺及特点分别是什么?
4.浇注系统主要由哪几部分组成,各部分有何作用?开设内浇口时应注意什么问题?
5.特种铸造有哪些主要方法,各自的特点是什么?

第4章 锻 压

4.1 概 述

金属的锻压是利用金属在外力作用下产生塑性变形,从而获得具有一定几何形状、尺寸和力学性能的原材料、毛坯或零件的加工方法。锻压加工时,作用在金属坯料上的外力可分为冲击力和压力两类。

由于锻压能消除坯料的气孔、缩松等铸造缺陷,细化金属的铸态组织,因此锻件的力学性能高于同种材料的铸件。承受冲击或交变应力的重要零件(如机床主轴、曲轴连杆、齿轮等)应优先采用锻件毛坯。与铸造比较,锻压的不足之处主要是不能加工铸铁等脆性材料和制造某些具有复杂形状,特别是具有复杂形状内腔的零件或毛坯。各类钢、大多数非铁金属及其合金均具有一定的塑性,可以在热态或冷态下进行锻压加工。

锻压加工的主要方法有自由锻造、模锻和板料冲压等。

4.1.1 锻造

锻造是在加压设备及工具、模具的作用下,使金属坯料或铸锭产生局部或全部的塑性变形,以获得一定形状、尺寸和质量的锻件的加工方法。

用于锻造的金属必须具有良好的塑性,以便在锻造时容易产生永久变形而不破裂。钢、铜、铝及其合金大多具有良好的塑性,是常用的锻造材料;而铸铁的塑性很差,在外力作用下极易破裂,因此不能进行锻造。

锻造后的金属组织致密、晶粒细化,还具有一定的锻造流线,力学性能提高。因此,凡承受重载、冲击载荷的机械零件,如机床主轴、发动机曲轴、连杆、起重机吊钩、齿轮等多以锻件为毛坯。另外,采用锻造获得的零件毛坯,可以减少切削加工量,提高生产效率和经济效益。

4.1.2 锻造的特点

(1)改善金属的内部组织,提高金属的力学性能。

(2)适应范围广,锻件的质量小至不到 1 kg,大至数百吨。既可进行单件小批量生产,又可进行大批量生产。

(3)采用精密模锻可使锻件尺寸、形状接近成品零件,因而可以大大节省金属材料和减少切削加工工时。

4.1.3 冲压

冲压又称板料冲压,它是通过冲压设备和模具对板料施加外力,使之产生分离或塑性变形,以获得一定形状、尺寸和性能的制件的加工方法。因其通常是在室温下进行的,所以又叫冷冲压。

用于冲压的材料一般为塑性良好的各种低碳钢板、铜板、铝板等。有些非金属板料,如木板、皮革、硬橡胶、有机玻璃板、硬纸板等也可用于冲压。

4.1.4 冲压的特点

冲压件有自重轻、刚性大、强度好、生产率高、成本低、外形美观、互换性能好、一般不需机械加工等优点,一般用于大批量的零件生产和制造。在单件小批量生产或其他一些情况下,也常用钣金手工成形的方法来加工金属板料制品。

4.2 金属加热与锻件冷却

4.2.1 坯料加热

1. 加热的目的

金属坯料锻造前,为提高其塑性,降低变形抗力,使金属在较小的外力作用下产生较大的变形,必须对金属坯料加热。一般来说,随温度升高,金属材料的塑性也提高,但加热温度太高,会使锻件质量下降,甚至成废品,所以必须将坯料加热到一定的温度再开始锻打工作。这样用较小的锻打力就能使坯料产生较大的变形,完成锻件的加工。

2. 锻造的温度

金属锻造时,允许加热到的最高温度称为始锻温度,停止锻造的温度称为终锻温度。始锻温度过高会使坯料产生过热、过烧、氧化、脱碳等缺陷,造成废品,始锻温度一般低于熔点 $100 \sim 200$ ℃。锻造过程中,坯料温度不断下降,塑性也随之下降,变形抗力增大,当降到一定温度时,不仅变形困难,而且容易开裂,此时必须停止锻造,重新加热后再锻。

3. 加热设备

根据金属坯料所采用的热源不同,锻造加热设备主要有手锻炉、重油炉、煤气炉、反射炉、电阻炉等。常用的有反射炉和电阻炉两类。

(1)反射炉

反射炉主要是以煤、焦炭、煤气为燃料的加热炉,其结构如图 4-1 所示。反射炉的特点是:设备简单、燃料价格低廉、加热适应性强、炉膛温度均匀、费用低,但劳动条件差、加热速度慢、加热质量不易控制,因此反射炉仅适用于中小批量的锻件。

(2)电阻炉

电阻炉是利用电阻加热器所产生的电阻热来加热坯料,如图 4-2 所示。电阻炉的特点是:操作简便、温度易控制,且可通入保护性气体来防止或减少工件加热时的氧化,主要适用于精密锻件及高合金钢、有色金属的加热。

4.2.2 锻件冷却

锻件冷却是锻造工艺过程中必不可少的工序。生产中由于锻后冷却不当,常使锻件翘曲、表面硬度升高,甚至产生裂纹。为保证锻件质量,常用的冷却方法有以下几种。

1. 空冷

将锻后的锻件放在空气中冷却(但放置锻件的地方不应有强烈的气流并且应保持干燥)。此方法冷却速度较快,适合于低、中碳钢及合金结构钢的小型锻件。

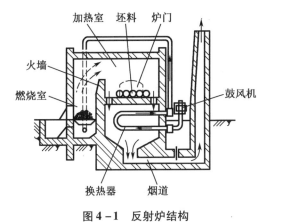

图 4-1　反射炉结构　　　　　　图 4-2　电阻炉结构

2. 坑冷

将锻后的锻件埋入充填着导热性较小的沙子、炉渣、石灰或石棉的地坑中进行冷却。这种方法冷却速度较慢,适用于中碳钢、合金工具钢及大多数低合金钢的中型锻件,而碳素工具钢锻件需先空冷至 650～700 ℃后,再坑冷。

3. 炉冷

将锻后的锻件立即放入 500～700 ℃的加热炉中,随炉冷却。这是一种最缓慢的冷却方法,适合于中碳钢及低合金钢的大型锻件和高合金钢的重要零件。

4.3　自 由 锻 造

4.3.1　概述

自由锻造是利用冲击力或压力,使金属在上、下砧铁之间,产生塑性变形而获得所需形状、尺寸以及内部质量锻件的一种加工方法。自由锻造时,除与上、下砧铁接触的金属部分受到约束外,金属坯料朝其他各个方向均能自由变形流动,不受外部的限制,故无法精确控制变形的发展。

1. 自由锻造分类

自由锻造分为手工自由锻造和机器自由锻造两种。手工自由锻造只能生产小型锻件,生产率也较低。机器自由锻造是自由锻造的主要方法。

2. 自由锻造的特点

(1) 工具简单、通用性强,生产准备周期短。

(2) 自由锻件的质量范围大,小的不及 1 kg,大的可达到二三百吨。对于大型锻件,自由锻造是唯一的加工方法,这使得自由锻造在重型机械制造中具有特别重要的作用。例如水轮机主轴、多拐曲轴、大型连杆、重要的齿轮等零件在工作时都承受很大的载荷,要求具有较高的力学性能,常采用自由锻造的方法生产毛坯。

(3) 自由锻造主要应用于单件小批量生产,修配以及大型锻件的生产和新产品的试制等。

4.3.2 手工自由锻造

手工自由锻造是利用简单的手工工具,使坯料产生变形而获得锻件的方法。手工工具分类包括支持工具、锻打工具、成型工具、夹持工具、切割工具和测量工具等。

锻造过程必须做到"六不打":于终锻温度不打;锻件放置不平不打;冲子不垂直不打;剁刀、冲子、铁砧等工具上有油污不打;镦粗时工件弯曲不打;工具、料头易飞出的方向有人时不打。

4.3.3 机器自由锻造

机器自由锻造是使用机器设备,使坯料在设备上、下两砧之间各个方向不受限制而自由变形以获得锻件的方法。

常用的机器自由锻造设备有空气锤、蒸汽-空气锤和水压机等,其中空气锤使用灵活,操作方便,是生产小型锻件最常用的自由锻造设备。空气锤的规格是用落下部分的质量来表示的,一般为 50~1 000 kg。

1. 空气锤

空气锤由锤身、压缩缸、工作缸、传动机构、操纵机构、落下部分及砧座等几个部分组成。锤身和压缩缸及工作缸铸造为一体。传动机构包括电动机、减速机构及曲柄、连杆等。操纵机构包括手柄(或踏杆)、旋阀及其连接杠杆。落下部分包括工作活塞、锤头和上砧铁等。落下部分的质量也是锻锤的规格参数。例如,150 kg 空气锤,表示落下部分的质量为 150 kg。空气锤的结构如图 4-3 所示。

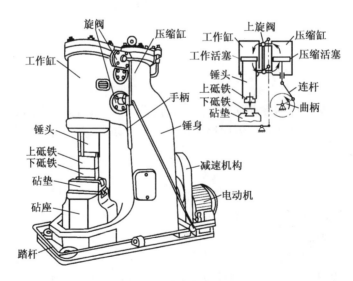

图 4-3 空气锤的结构

电动机通过传动机构带动压缩缸内的压缩活塞做上下往复运动将空气压缩,空气经过旋阀被压入工作缸的上部或下部,推动工作活塞向下或向上运动。通过踏杆或手柄操纵旋阀,可实现空转、锤头上悬、锤头下压、连续打击、单次打击动作。

2. 蒸汽-空气锤

蒸汽-空气锤也是靠锤的冲击力锻打工件。蒸汽-空气锤自身不带动力装置,另需蒸汽锅炉向其提供具有一定压力的蒸汽,或用空气压缩机向其提供压缩空气。其锻造能力明显大于空气锤,一般为 500~5 000 kg,常用于中型锻件的锻造。

3. 水压机

大型锻件需要在液压机上锻造,水压机是最常用的一种。水压机不靠冲击力,而靠静压力使坯料变形,工作平稳,工作时震动小。由于水压机主体庞大,并需配备供水和操纵系统,因此造价较高。水压机的压力大,规格为 500~12 500 t,能锻造 1~300 t 的大型重型坯料。

4.3.4 自由锻造工序

自由锻造工序有基本工序、辅助工序和修整工序。

1. 基本工序

锻造的基本工序是使金属坯料产生一定程度的塑性变形,以得到所需形状、尺寸或改善材质性能的工艺过程。它是锻件成形过程中必需的变形工序,如镦粗、拔长、弯曲、冲孔、切割、扭转和错移等。实际生产中最常用的是镦粗、拔长和冲孔三个工序。

(1) 镦粗

镦粗是使坯料高度减少、横断面积增大的锻造工序。镦粗方法一般有完全镦粗和局部镦粗两种,如图 4-4 所示。其中局部镦粗是将坯料放在具有一定高度的漏盘内,仅使漏盘以上的坯镦粗。为了烘干取出锻件,漏盘内壁应有 5°~7°的斜度,漏盘上采取圆角过渡。

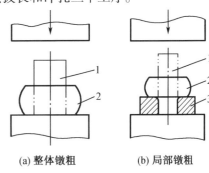

(a) 整体镦粗　　(b) 局部镦粗

1—坯料;2—工件;3—漏盘。

图 4-4　镦粗

(2) 拔长

拔长是使坯料横断面积减小、长度增加的锻造工序,如图 4-5 所示。

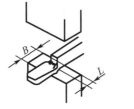

图 4-5　拔长送进量

(3) 冲孔

冲孔是在坯料中冲出通孔或不通孔的锻造工序,如图 4-6 所示。

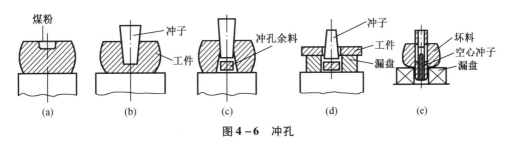

图 4-6　冲孔

(4)弯曲

弯曲是采用一定工具模型将坯料弯成所规定外形的锻造工序,如图4-7所示。

(5)扭转

扭转是将坯料的一部分相对另一部分绕轴线旋转一定角度的锻造工序,如图4-8所示。扭转时,应将坯料加热到始锻温度,受扭曲变形的部分必须表面光滑,面与面的相交处要有过渡圆角,以防扭裂。

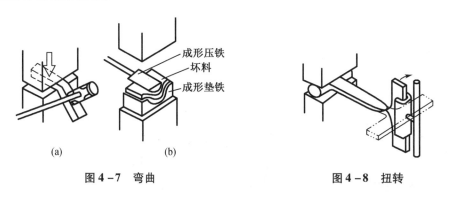

图4-7 弯曲　　　　　　　图4-8 扭转

(6)切割

切割是分割坯料或切除锻件余料的锻造工序。方形截面工件的切割如图4-9(a)所示,先将剁刀垂直切入工件,至快断开时,将工件翻转,再用剁刀或克棍截断。切割圆形截面工件时,要将工件放在带有凹槽的剁垫中,边切割边旋转,如图4-9(b)所示。

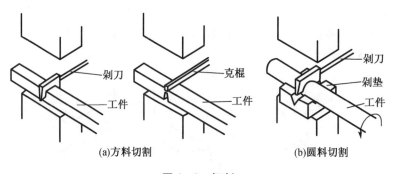

图4-9 切割

2. 辅助工序

辅助工序是为基本工序操作方便而进行的预先变形工序,如压钳口、压肩、钢锭倒棱等。

3. 修整工序

修整工序是用以减少锻件表面缺陷而进行的工序,如校正、滚圆、平整等。

4.4 模　　锻

在模锻设备上,利用高强度锻模,使金属坯料在模膛内受压产生塑性变形,而获得所需形状、尺寸以及内部质量锻件的加工方法称为模锻。

在模锻锤上进行模锻生产锻件的方法称为锤上模锻。锤上模锻因其工艺适应性较强,且模锻锤的价格低于其他模锻设备,是目前应用最广泛的模锻工艺。锤上模锻是将上模固定在锤头上,下模紧固在模垫上,通过随锤头做上下往复运动的上模,对置于下模中的金属坯料施以直接锻击,来获取锻件的锻造方法。

锤上模锻使用的主要设备是蒸汽-空气模锻锤,如图4-10所示。模锻锤的工作原理与蒸汽-空气自由锻锤基本相同,主要区别是模锻锤的锤身直接与砧座连接,锤头与导轨间的间隙较小,保证了锤头上下运动准确,使上、下模对准。

锻模由带燕尾的上下模组成,通过紧固楔铁分别固定在锤头和模垫上。上下模之间为模膛,如图4-11所示。锻制形状简单的锻件时,锻模上只开一个模膛,称之为终锻模膛。终锻模膛四周设有飞边槽,它的作用是在保证金属充满模膛的基础上容纳多余的金属,防止金属溢出模膛。由于存在飞边槽,因而锻件沿分模面周围形成一圈飞边。

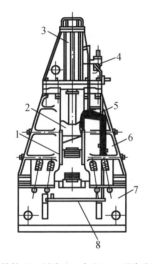

1—导轨;2—锤头;3—气缸;4—配气机构;
5—操纵杆;6—锤身;7—砧座;8—踏板。

图4-10 蒸汽-空气模锻锤

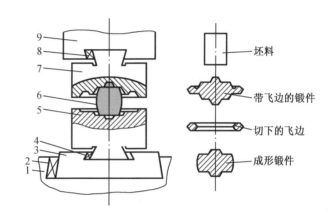

1—下砧座;2—下楔铁;3—模座;4—楔块;
5—下模;6—坯料;7—上模;8—上楔铁;9—上砧座。

图4-11 锻模及锻件成形过程

4.5 板料冲压

4.5.1 概述

板料冲压是指利用装在冲床上的冲模,使金属板料产生变形或分离,从而获得毛坯或零件的加工方法。薄板的冲压在常温下进行,所以又称为冷冲压。板厚超过8 mm时要采用热冲压。

板料冲压还可以为焊接结构提供成形板料,然后焊接成成品。板料冲压所用的原材料,应具有良好的塑性,并且表面应光洁平整。板料冲压生产常用的金属材料有低碳钢板、高塑性的合金钢板、铜、铝、镁合金板料或带料。

4.5.2 冲压设备及模具

1. 压力机

压力机又称冲床,是通用性冲压设备,可用来进行冲孔、落料、切断、拉伸、弯曲、成形等冲压工序。

压力机按形式可分为开式和闭式;按工作台结构可分为固定台式、可倾斜式和升降式等。

图4-12(a)所示为单柱升降式压力机,电动机带动飞轮(大齿轮)转动,踩下踏板,离合器将飞轮与曲轴连接,通过连杆带动滑块上下运动;松开踏板,离合器脱开,制动器使曲轴停止转动,滑块停留在上端位置(图4-12(b))。

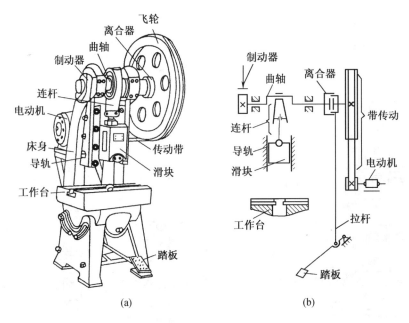

图4-12 单柱升降式压力机及工作原理

2. 冲压模具

冲压成形模具(简称冲模)是板料冲压的主要工具。典型冲模结构如图4-13所示。

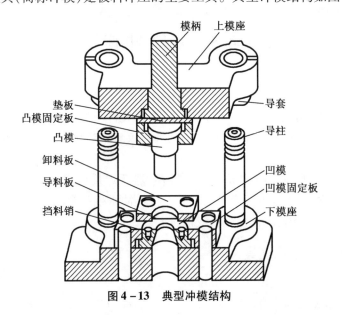

图4-13 典型冲模结构

冲模主要由上模和下模两部分组成。上模通过模柄固定在压力机的滑块上,并随滑块上下往复运动;下模通过压板螺栓固定在压力机工作台上。

冲模的主要零件如下:

(1)凸模和凹模。冲模的核心部件是凸模(冲头)和凹模,分别固定在凸模固定板和凹模固定板上,并直接接触被加工板材,借助压力机的动力,沿导柱、导套做相对运动,使板料分离或成形。

(2)模架。模架包括上、下模座和导柱、导套,导套和导柱分别固定在上、下模座上,用来引导凸模和凹模对准,是保证模具运动精度的重要部件。

(3)导料板。导料板主要作用是控制板料的进给方向。

(4)挡料销。挡料销用来控制板料的进给量。

(5)卸料板。卸料板用途是当凸模回程时,将卡在凸模上的工件或板料从凸模上卸下。

4.5.3 冲压的基本工序

1. 切断

切断是将板料沿不封闭的轮廓分离的工序,通常在剪板机上进行。图 4-14 为剪板机结构及剪切示意图。

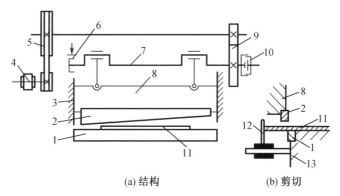

(a) 结构　　(b) 剪切

1—下刀刃;2—上刀刃;3—导轨;4—电动机;5—带轮;
6—制动器;7—曲轴;8—滑块;9—齿轮;10—离合器;
11—板料;12—挡铁;13—工作台。

图 4-14　剪板机结构及剪切示意图

2. 冲裁

冲裁是利用冲模将板料以封闭的轮廓与坯料分离的工序,包括冲孔和落料。冲孔和落料的操作方法与板料分离的过程是相同的,只是它们的作用不同。

冲孔是用冲模在坯料上冲出所需要的孔,冲孔后的板料本身是成品,而冲下的部分是废料(图 4-15(a))。落料是用冲模从板料上冲下部分金属作为工件或进一步加工的坯料,而板料本身则成为废料(图 4-15(b))。

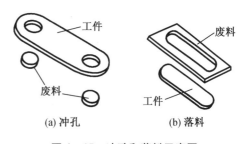

(a) 冲孔　　(b) 落料

图 4-15　冲孔和落料示意图

3. 拉深

拉深是在拉压的应力状态作用下,将板料成形为空心件而厚度基本不变的加工方法,如图4-16所示。

4. 弯曲

弯曲是将板料、型材或管材在弯矩作用下弯成具有一定曲率和角度的变形工序。在冲床上可用弯曲模使工件弯曲,如图4-17所示。

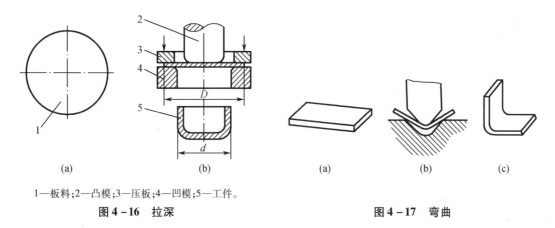

1—板料;2—凸模;3—压板;4—凹模;5—工件。

图4-16 拉深　　　　　　　　　　图4-17 弯曲

4.6 锻压实习安全技术

4.6.1 锻造实习中要特别注意下列安全事项及操作规程

(1)进入车间实习时,要穿好工作服,戴好防护用品。袖口要扎紧,衬衫要系入裤内。不得穿凉鞋、拖鞋、高跟鞋、背心、裙子和戴围巾进入车间。

(2)检查锤柄是否松动,锤头、砧子及其他工具是否有裂纹或其他损坏现象。

(3)锻打前必须正确选用夹持工具,钳口必须与锻件毛坯的形状和尺寸相符合,否则在锤击时,因夹持不紧容易造成毛坯飞出。

(4)手工自由锻造时,负责打锤的学生要听从负责掌钳学生或指导老师的指挥,互相配合,以免伤人。

(5)取出加热的工件时,要注意观察周围人员情况,避免工件烫伤他人。不可直接用手或脚去接触金属料,以防烫伤。严禁用烧红的工件与他人开玩笑,避免造成人身伤害事故。

(6)切断料头时,在飞出方向不应站人。

(7)清理炉子、取放工件应关闭电源后进行。

(8)当天实习结束后,必须清理工具和设备,打扫工作现场的卫生。

4.6.2 冲压实习中要特别注意下列安全事项及操作规程

(1)实验前检查压床运动部分(如导轨、轴承等)是否加注了润滑油,然后启动压床检查离合器、制动器是否正常。

(2)先关闭电门,待压床部分停止运转后,方可开始安装并调整模具。

(3)安装调整完后,用手搬动飞轮试冲两次。经老师检查合格,才可开动压床。

(4)开动压床前,其他人离开压床工作区,拿走工作台上的杂物,才可启动电门。

(5)压床开动后,由一人进行送料及冲压操作,其他人不得按动电钮或脚踩、脚踏开关板,并且不能将手放入压床工作区或用手触动压床的运动部分。

(6)工作时,禁止冲裁重叠板料,随时从工作台上清除废料,清除时要用工具,禁止用手,如遇工件卡住时,立即停止电动机并及时清除障碍。

(7)工作时,禁止将手伸入冲模,离合器接通后,不得再去变动冲模上的毛坯位置。

(8)做浅拉深时,注意材料清洁,并加润滑油。

(9)不要将脚经常搁置于脚踏板上,以防不慎踏下踏板,发生事故。

(10)实验完毕后,脱开离合器,关闭电源,将模具和压床擦拭干净,整理就绪。

复习思考题

1. 空气锤由哪几个部分构成?
2. 自由锻造工序可分为几大类?基本工序包括哪些内容?
3. 什么是镦粗?什么是拔长?
4. 冲孔和落料有何不同?
5. 冲压的基本工序有哪些?

第5章 焊　　接

5.1 概　　述

焊接是指通过适当物理化学过程,如加热、加压或两者并用等方法,使两个或两个以上分离的物体产生原子(分子)间的结合力而连接成一体的连接方法,是金属加工的重要工艺。其应用于机械制造、造船、石油化工、汽车制造、桥梁、锅炉、航空航天、电子电力、建筑等领域。

5.1.1 焊接的分类

根据焊接时被焊材料所处的状态把焊接分为熔焊、压力焊和钎焊三大类,如图5-1所示。

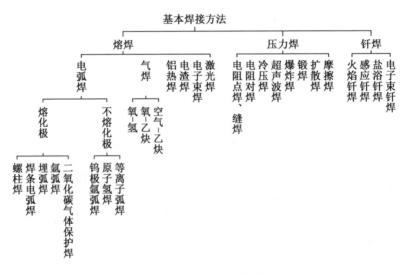

图 5-1 基本焊接方法

熔焊是在焊接的过程中,利用一定的热源将焊件接头处加热至熔化状态,在常压下冷却结晶成为一体的焊接方法。一般情况下以热源的种类作为熔焊的名称,如以电子束为热源的称为电子束焊,以气体火焰为热源的称为气焊,以激光束为热源的称为激光焊,以电弧为热源的称为电弧焊等。

压力焊是在焊接的过程中对焊接的材料施加一定压力,在加热或不加热的状态下完成焊接,将焊件结合起来的一种连接方法。

钎焊是指采用比母材熔点低的材料作为钎料,将焊件和钎料加热至高于钎料熔点,但低于母材熔点的温度,利用毛细作用使液态钎料充满焊件接头间隙,液态钎料润湿母材表面,并使其与母材相互扩散、冷却后结晶形成冶金结合的一种焊接方法。

5.1.2 焊接的特点

焊接是应用广泛的一种永久性连接方法,有着其他方法不可替代的优势。

1. 节省材料,减小质量

焊接与其他连接方法(如螺纹连接、铆接、键连接等)相比,不用钻孔,材料截面能得到充分的利用,也不需要辅助材料,可节省大量材料,减小结构的质量;不需要机械加工设备及相关的工序,简化了加工和装配的工作量,提高了工作效率。

2. 简化复杂零件和大型零件的制造

焊接方法灵活,可将大型工件化大为小,以简拼繁,不必像铸件那样受工艺限制,容易加大尺寸,增加肋板和大圆角,加工快,效率高,生产周期短,且质量易于保证。

3. 适应性好

多种焊接方法几乎可以焊接所有的金属材料和部分非金属材料,可焊范围非常广泛,而且连接性能好,焊接接头可达到与工件等强度或相应的特殊性能。

4. 可以满足特殊要求

焊接具有一些工艺方法难以达到的优点,可以使零件的各部分具备不同的性能,以适应各自的受力情况和工作环境,例如车刀工作部分和车刀刀柄的焊接。

5.2 电 弧 焊

焊条电弧焊是用手工操纵焊条来进行焊接的,俗称手工电弧焊,是利用焊条和焊件之间稳定燃烧产生的电弧热,使金属和母材熔化凝固后形成牢固的焊接接头的一种焊接方法。

5.2.1 焊条电弧焊的原理

焊条电弧焊焊接连线和焊接过程如图5-2和图5-3所示,焊机电源两输出端通过电缆、焊钳和地线夹头分别与焊条和被焊零件相连。焊接过程中,产生在焊条和零件之间的电弧将焊条和零件局部熔化,受电弧力作用,焊条端部熔化后的熔滴过渡到母材,和熔化的母材融合一起形成熔池,随着电弧向前移动,熔池金属液逐渐冷却结晶,形成焊缝。

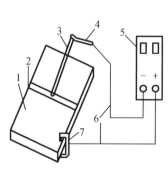

1—零件;2—焊缝;3—焊条;4—焊钳;
5—接电源;6—电缆;7—地线夹头。

图5-2 焊接连线

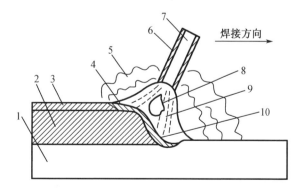

1—焊件;2—焊缝;3—渣壳;4—焊渣;5—气体;
6—药皮;7—焊芯;8—熔滴;9—电弧;10—熔池。

图5-3 焊接过程

焊条电弧焊使用设备简单,适应性强,可用于焊接厚 1.5 mm 以上的各种焊接结构件,并能灵活应用于空间位置不规则的焊缝的焊接,适用于碳钢、低合金钢、不锈钢、铜及铜合金等金属的焊接。由于手工操作,焊条电弧焊也存在缺点,如生产率低,产品质量一定程度上取决于焊工操作技术,焊工劳动强度大,现多用于焊接单件、小批量产品和难以实现自动化加工的焊缝的焊接。

5.2.2 焊接设备

1. 交流弧焊机

交流弧焊机实际上是一种特殊的降压变压器,也称为弧焊变压器,一般有动圈式和动铁式两种。它将电网输入的 220 V(或 380 V)交流电变成适宜于电弧焊的低压交流电。交流弧焊机具有结构简单、价格低、使用可靠、维护方便等优点,但在电弧稳定性方面有些不足。

BX1-315 型交流弧焊机结构如图 5-4 所示。其型号中的"B"代表弧焊变压器,"X"代表下降外特性,"1"代表动铁系列,"315"代表额定焊接电流。BX1-315 型交流弧焊机焊接电流调节方便,仅需移动铁芯就可以满足电流调节要求,其调节范围为 70~315 A。当移动铁芯由里向外移动而离开固定铁芯时,磁漏减少,则焊接电流增大;反之焊接电流减小。

2. 直流弧焊机

直流弧焊机结构相当于在交流弧焊机上加上硅整流元件,从而把交流电变成直流电。它既弥补了交流弧焊机电弧稳定性不好的缺点,又比交流弧焊机的结构简单,且维修方便,后期维护成本低,噪声小,目前应用比较广泛。直流弧焊机结构如图 5-5 所示。

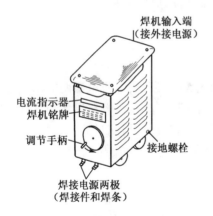

图 5-4 BX1-315 型交流弧焊机结构图

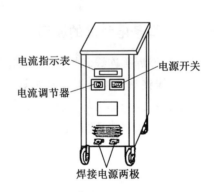

图 5-5 直流弧焊机结构图

直流弧焊机是供给焊接电流的电源设备,其输出端有固定的正极和负极之分,而电弧在阳极区和阴极区的温度不同,因此在焊接时有两种连接方法,即正接法和反接法。正接法就是工件接直流弧焊机的正极,焊条接负极,如图 5-6 所示;反接法则反之,如图 5-7 所示。在具体使用中根据焊条的性质和工件所需热量选择不同的连接方法。

3. 辅助设备及工具

手工电弧焊辅助设备和工具有焊钳、接地钳、焊接电缆、面罩、焊条保温筒等。常用的手工工具有夹持钳、敲渣锤、钢丝刷、手锤、钢丝钳、錾子等,如图 5-8 所示。

第5章 焊　接

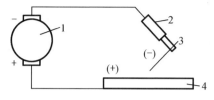

1—弧焊整流器；2—焊钳；3—焊条；4—工件。

图 5-6　正接法

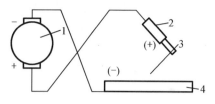

1—弧焊整流器；2—焊钳；3—焊条；4—工件。

图 5-7　反接法

焊钳是用来夹持焊条并传导电流以进行焊接的工具，具有良好的导电性、可靠的绝缘性和隔热性。常用的焊钳有 300 A 和 500 A 两种。

接地钳是将焊接导线或接地电缆接到工件上的工具，低负载率时比较适合用弹簧夹钳，大电流时宜用螺纹夹钳以获得良好的连接。

焊接电缆主要由多股细铜线电缆组成，一般可选用 YHH 型电焊橡皮套电缆或 YHHR 型电焊橡皮套特软电缆。

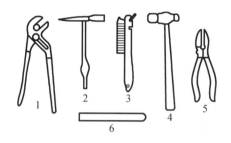

1—夹持钳；2—敲渣锤；3—钢丝刷；
4—手锤；5—钢丝钳；6—錾子。

图 5-8　常见焊接手工工具

面罩是为防止焊接时飞溅物、弧光及其他辐射对人体面部及颈部灼伤的遮盖工具。其有手持式和头盔式两种。面罩上的护目玻璃主要起到减弱电弧光，过滤红外线、紫外线的作用。焊接时，通过护目玻璃观察熔池情况，控制焊接过程，避免眼睛灼伤。

焊条保温筒主要是将烘干的焊条放在保温筒内供现场使用，起到防沾泥土、防潮、防雨淋等作用，能够避免焊接过程中焊条药皮的含水率上升，防止焊条的工艺性能变差和焊缝质量降低。

防护服是为防止焊接时触电及被弧光和金属飞溅物灼伤，焊接操作时，必须戴好皮革手套，穿好工作服、脚盖、绝缘鞋等。敲焊渣时应佩戴护目镜。

5.2.3　焊条

电弧焊的焊接材料是焊条，主要由焊芯和药皮组成，如图 5-9 所示。焊芯是具有一定长度及直径的金属丝。焊芯有两个功能：一是传导焊接电流，产生电弧；二是焊芯本身熔化作为填充金属与

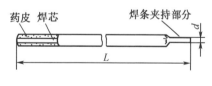

图 5-9　焊条结构

熔化的母材熔合形成焊缝。我国生产的焊条，基本上以含碳、硫、磷较低的专用钢丝（H08A）作焊芯制成。焊条规格用焊条直径 d 代表，焊条长度 L 根据焊条种类和规格有多种尺寸，如表 5-1 所示。

表 5-1　焊条规格

焊条直径 d/mm	2.0～2.5	3.2～4.0	5.0～5.8
焊条长度 L/mm	250～300	350～400	400～450

焊条根据药皮组成又分为酸性焊条和碱性焊条。酸性焊条电弧稳定,焊缝成形美观,焊条的工艺性能好,可用交流或直流电源施焊,适用于普通碳钢和低合金钢的焊接;碱性焊条多为低氢型焊条,电弧稳定性比酸性焊条差,要采用直流电源施焊,反极性接法,多用于重要的结构钢、合金钢的焊接。

5.2.4 焊接位置

在实际生产中,由于焊接结构和零件移动的限制,焊缝在空间的位置除平焊外,还有立焊、横焊、仰焊,如图 5-10 所示。平焊操作方便,焊缝成形条件好,容易获得优质焊缝并具有高的生产率,是最合适的位置;其他三种又称为空间位置焊,焊工操作较平焊困难,受熔池液态金属重力的影响,需要对焊接规范控制并采取一定的操作方法才能保证焊缝成形,其中仰焊位置焊接条件最差,立焊、横焊次之。

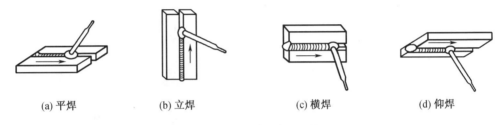

(a) 平焊　　　(b) 立焊　　　(c) 横焊　　　(d) 仰焊

图 5-10　焊缝的空间位置

5.2.5 焊接接头与坡口形式

焊接接头是指用焊接的方法连接的接头,它由焊缝、熔合区、热影响区及其邻近的母材组成,如图 5-11 所示。根据接头的构造形式不同,接头可分为对接接头、搭接接头、角接接头、T 形接头等类型,如图 5-12 所示。

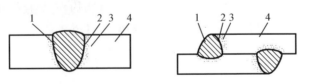

1—焊缝;2—熔合区;3—热影响区;4—母材。

图 5-11　焊接接头组成

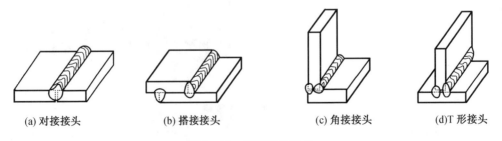

(a) 对接接头　　(b) 搭接接头　　(c) 角接接头　　(d)T 形接头

图 5-12　焊接接头形式

对接接头是指两焊件表面构成大于135°、小于或等于180°夹角的接头形式;搭接接头是指两焊件部分重叠构成的接头形式;角接接头是指两焊件端部构成大于30°、小于135°夹角的接头形式;T形接头是指一焊件断面与另一焊件表面构成直角或近似直角的接头形式。

焊接时,为了使焊件焊透,获得足够的焊接强度和致密性,在工件接头处加工出一定几何形状的沟槽,称为坡口。坡口形式有I形坡口、V形坡口、U形坡口、双V形坡口等多种,坡口形式应根据工件的结构和厚度、焊接方法、焊接位置及焊接工艺进行选择,同时还应考虑保证焊缝能焊透、坡口容易加工、节省焊条、焊后变形较小及提高生产效率等问题。对接接头的坡口形式及适用厚度如图5-13所示。

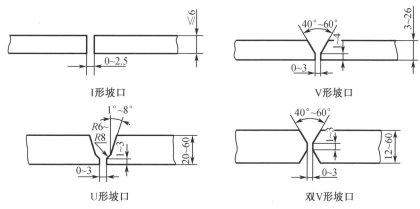

图5-13 对接接头的坡口形式及适用厚度(尺寸单位:mm)

对焊件厚度小于6 mm的焊缝,可以不开坡口或开I形坡口;中厚度和大厚度板对接焊,为保证熔透,必须开坡口。V形坡口便于加工,但零件焊后易发生变形;双V形坡口可以避免V形坡口的一些缺点,同时可以减少填充材料;U形坡口,其焊缝填充金属量更小,焊后变形也小,但坡口加工困难,一般用于重要焊接结构。

5.2.6 焊接工艺参数的选择

焊接时,为保证焊接质量而选定的各物理量称为焊接工艺参数。焊条电弧焊的焊接工艺参数包括焊条直径、焊接电流、电弧电压、焊接速度和焊接层数等。焊接工艺参数选择得正确与否,将直接影响焊缝的形状、尺寸、焊接质量和生产效率。

焊条型号应主要根据零件材质选择,并参考焊接位置情况决定。电源种类和极性由焊条牌号而定。焊接电压决定电弧长度,它与焊接速度对焊缝成形有重要影响,一般由焊工根据具体情况灵活掌握。

电弧电压主要由电弧长度决定,电弧越长电弧电压越高;反之,电弧越短电弧电压越低。焊接时根据具体情况选择电弧长度。一般焊接时电弧不宜过长,应力求做到短弧焊接。一般认为短弧的电弧长度为焊条直径的一半或与焊条直径相等。

5.2.7 焊条电弧焊操作技术

1.接头清理

焊前,接头处应除尽铁锈、油污,以便于引弧、稳弧和保证焊缝质量。

2. 引弧

焊接电弧的建立称为引弧。焊条电弧焊有两种引弧方式：划擦法和直击法。

划擦法是在焊机电源开启后，将焊条末端对准焊缝，并保持两者的距离在 15 mm 以内，依靠手腕的转动，使焊条在零件表面轻划一下，并立即提起 2~4 mm，使电弧引燃，然后开始正常焊接。

直击法是在焊机开启后，先将焊条末端对准焊缝，然后稍点一下手腕，使焊条轻轻撞击零件，随即提起 2~4 mm，就能使电弧引燃，开始焊接。

3. 运条

焊条电弧焊是依靠人手工操作焊条运动实现焊接的，此种操作也称为运条。运条包括控制焊条角度、焊条送进、焊条摆动和焊条前移，如图 5-14 所示。运条技术的具体运用根据零件材质、接头形式、焊接位置、焊件厚度等因素决定。

常见焊条电弧焊运条方法如图 5-15 所示。直线形运条方法适用于板厚 3~5 mm 的不开坡口对接平焊；锯齿形运条法多用于厚板的焊接；月牙形运条法对熔池加热时间长，容易使熔池中的气体和熔渣浮出，有利于得到高质量焊缝；正三角形运条法适合于不开坡口的对接接头和 T 字接头的立焊；正圆圈形运条法适合于焊接较厚零件的平焊缝。

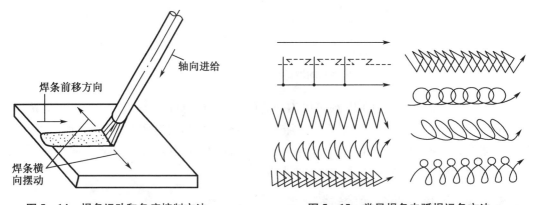

图 5-14 焊条运动和角度控制方法　　图 5-15 常见焊条电弧焊运条方法

4. 焊缝的起头、接头

焊缝的起头是指焊缝起焊时的操作，此时零件温度低、电弧稳定性差，焊缝容易出现气孔、未焊透等缺陷，为避免此现象，应该在引弧后将电弧稍微拉长，对零件起焊部位进行适当预热，并且多次往复运条，达到所需要的熔深和熔宽后再调到正常的弧长进行焊接。在完成一条长焊缝焊接时，往往要消耗多根焊条，这里就有前后焊条更换时焊缝接头的问题。为不影响焊缝成形，保证接头处焊接质量，更换焊条的动作越快越好，并在接头弧坑前约 15 mm 处起弧，然后移到原来弧坑位置进行焊接。

5. 焊缝的收尾

焊缝的收尾是指焊缝结束时的操作。焊条电弧焊一般熄弧时都会留下弧坑，过深的弧坑会导致焊缝收尾处缩孔，产生弧坑应力裂纹。焊缝收尾时，应保持正常的熔池温度，做无直线运动的横摆点焊动作，逐渐填满熔池后再将电弧拉向一侧熄灭。此外还有三种焊缝收尾的操作方法，即划圈收尾法、反复断弧收尾法和回焊收尾法。

5.3 气焊与气割

气焊和气割是利用可燃气体和助燃气体混合燃烧产生的气体火焰的热量作为热源,对金属进行焊接或切割的加工工艺方法。

5.3.1 气焊的原理、特点和应用

气焊是利用气体火焰加热并熔化母材和焊丝的焊接方法。气焊时最常用的气体是氧气和乙炔。氧气和乙炔混合燃烧形成的火焰称为氧-乙炔焰,其温度可达 3 150 ℃。

与电弧焊相比,气焊不需要电源,设备简单;气体火焰温度比较低,熔池容易控制,易实现单面焊双面成形,并可以焊接很薄的零件;在焊接铸铁、铝及铝合金、铜及铜合金时焊缝质量好等优点。气焊也存在热量分散,接头变形大,不易自动化,生产效率低,焊缝组织粗大,性能较差等缺陷。

气焊常用于薄板的低碳钢、低合金钢、不锈钢的对接、端接,在熔点较低的铜、铝及其合金的焊接中仍有应用,焊接需要预热和缓冷的工具钢、铸铁也比较适合。

5.3.2 气焊设备

气焊设备主要有氧气瓶、乙炔瓶、减压器、回火保险器、焊炬和橡胶管等,如图 5-16 所示。

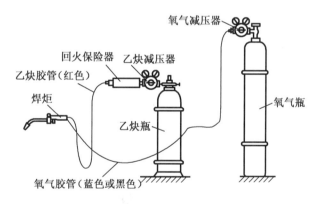

图 5-16 气焊设备结构图

氧气瓶是存储运输氧气的高压容器,外表天蓝色,瓶体标注"氧气"字样。常用的氧气瓶容积为 40 L,在瓶内为 15 MPa 工作压力下,可以储存 6 m^3 的氧气。

乙炔瓶是储存运输乙炔的容器,外表白色,瓶体标注"乙炔"和"不可近火"字样。因乙炔不能用高压压入瓶内储存,所以乙炔瓶的内部构造较氧气瓶复杂,乙炔瓶内装有浸满丙酮的多孔性填料,利用乙炔易溶解于丙酮的特点,使乙炔稳定安全地储存在瓶内。瓶内压力最高为 1.5 MPa。

气焊时所需的气体工作压力一般都比较低,氧气压力通常为 0.2~0.3 MPa,乙炔压力最高不超过 0.15 MPa。因此,必须将气瓶内输出的气体减压后才能使用。减压器又称压力调节器,是将瓶内储存的高压气体降低为工作用的低压气体,并能调节气体压力和保持工

作时气体压力稳定的调节装置。减压器按用途分为氧气减压器和乙炔减压器。

焊炬是气焊时控制火焰进行焊接的工具,作用是将乙炔和氧气按一定比例均匀混合,由焊嘴喷出后,点火燃烧产生气体火焰。按乙炔与氧气的混合方式,焊炬可分为射吸式和等压式两种。射吸式焊炬应用最为广泛,如图5-17所示。

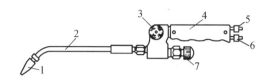

1—焊嘴;2—混合管;3—乙炔阀门;4—手柄;5—乙炔管;6—氧气管;7—氧气阀门。

图5-17 射吸式焊炬结构图

5.3.3 气焊火焰

1. 中性焰

当氧气与乙炔的混合比为1~1.2时,燃烧充分,燃烧过后无剩余氧气或乙炔,热量集中,温度可达3 050~3 150 ℃。中性焰由焰心、内焰、外焰三部分组成,焰心是呈亮白色的圆锥体,温度较低;内焰呈暗紫色,温度最高,适用于焊接;外焰颜色从淡紫色逐渐向橙黄色变化,温度下降,热量分散,如图5-18(a)所示。中性焰应用最广,低碳钢、中碳钢、铸铁、低合金钢、不锈钢、紫铜、锡青铜、铝及铝合金、镁合金等气焊都使用中性焰。

2. 碳化焰

当氧气与乙炔的混合比小于1时,部分乙炔未燃烧,焰心较长,呈蓝白色,温度最高达2 700~3 000 ℃,如图5-18(b)所示。由于过剩的乙炔分解碳粒和氢气的原因,有还原性,焊缝含氢增加,焊低碳钢时有渗碳现象,适用于气焊高碳钢、铸铁、高速钢、硬质合金、铝青铜等。

3. 氧化焰

当氧气与乙炔的混合比大于1.2时,燃烧过后的气体仍有过剩的氧气,焰心短而尖,内焰区氧化反应剧烈,火焰挺直发出"嘶嘶"声,温度可达3 100~3 300 ℃,如图5-18(c)所示。由于氧化焰具有氧化性,焊接碳钢易产生气体,并出现熔池沸腾现象,很少用于焊接,轻微氧化的氧化焰适用于气焊黄铜、锰黄铜、镀锌铁皮等。

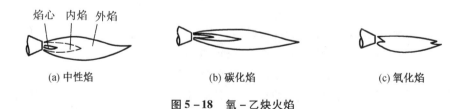

(a) 中性焰　　　　　(b) 碳化焰　　　　　(c) 氧化焰

图5-18 氧-乙炔火焰

5.3.4 气焊的操作

1. 点火和灭火

点火时,先稍微打开氧气阀门,再稍微打开乙炔阀门,随后点燃火焰,然后逐渐调节氧气和乙炔阀门,将火焰调整到所需火焰及相应大小。灭火时,先关闭乙炔阀门,再关闭氧气阀门,防止火焰倒流和产生烟灰。

2. 火焰调节

根据焊接材料的种类和性能调节焊炬的氧气阀门和乙炔阀门,获得相应的氧-乙炔火焰。需要减少元素的烧损时选用中性焰;需要增碳时应选用碳化焰;当需要生成氧化物时则选用氧化焰。

3. 焊接操作

操作时应保证焊嘴轴线投影与焊缝重合,同时要注意掌握好焊嘴与焊件夹角 α,如图 5-19 所示。焊件越厚,夹角越大。焊接开始时,为了较快地加热焊件和迅速形成熔池,夹角应大些;正常焊接时,一般保持夹角在 30°~50°;当焊接结束时,夹角应适当减小,以便更好地填满熔池和避免焊穿。焊炬向前移动的速度应能保证焊件熔化并保持熔池具有一定的大小。焊件局部熔化形成熔池后,再将焊丝适量地点入熔池内熔化。

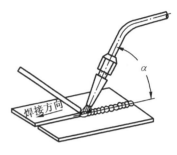

图 5-19 气焊操作示意图

5.3.5 气割

气割是氧气切割的简称,实质是利用某些金属在纯氧中燃烧的原理实现切割金属的方法。气割最突出的优点是设备简单、使用灵活、切割效率高。

按氧气和乙炔的混合方式不同,割炬一般分为射吸式和等压式两种,前者多用于手工切割,后者多用于机械切割。气割割炬的结构如图 5-20 所示。

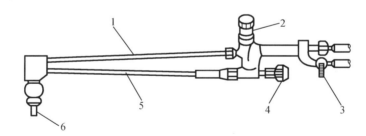

1—切割氧气管;2—切割氧气阀门;3—乙炔阀门;4—氧气阀门;5—混合气管;6—割嘴。

图 5-20 气割割炬的结构图

5.4 其他常见焊接方法

5.4.1 二氧化碳气体保护焊

二氧化碳气体保护焊是用二氧化碳气体作为保护气的熔化极气体电弧焊方法。其工作原理如图 5-21 所示。弧焊电源采用直流电源,电极的一端与零件相连,另一端通过导电嘴将电馈送给焊丝,这样焊丝端部与零件熔池之间建立电弧,焊丝在送丝机滚轮驱动下不断送进,零件和焊丝在电弧热作用下熔化并最后形成焊缝。

二氧化碳气体保护焊设备可分为半自动焊和自动焊两种类型。直径大于2.4 mm的粗丝可以焊接厚板,中细丝用于焊接中厚板、薄板及全位置焊缝。

二氧化碳气体保护焊主要用于焊接低碳钢及低合金高强钢,也可以用于焊接耐热钢和不锈钢,可进行自动焊及半自动焊;目前广泛用于汽车、轨道客车、船舶、航空航天、石油化工机械制造等诸多领域。

5.4.2 氩弧焊

氩弧焊是用氩气作为保护气的电弧焊。氩弧焊的方法有钨极氩弧焊和熔化极氩弧焊两种。

1. 钨极氩弧焊

钨极氩弧焊是以钨棒作为电弧的一极的电弧焊方法,钨棒在电弧焊中不熔化故又称不熔化极氩弧焊,简称TIG焊。焊接过程中可以用从旁送丝的方式为焊缝填充金属,也可以不加填丝;可以手工焊也可以自动焊;可以使用直流、交流和脉冲电流进行焊接。其工作原理如图5-22所示。

由于被惰性气体隔离,焊接区的熔化金属不会受到空气的有害作用,因此钨极氩弧焊可用于焊接易氧化的有色金属(如铝、镁及其合金),也可用于不锈钢、铜合金以及其他难熔金属的焊接,因其电弧非常稳定,还可以用于焊薄板及全位置焊缝。

2. 熔化极氩弧焊

熔化极氩弧焊又称为MIG焊,用焊丝本身作电极。相比钨极氩弧焊而言,MIG焊电流及电流密度大大提高,因而母材熔深大,焊丝熔敷速度快,提高了生产效率,特别适用于中等和厚板铝及铝合金、铜及铜合金、不锈钢以及钛合金焊接。脉冲熔化极氩弧焊适用于碳钢的全位置焊。

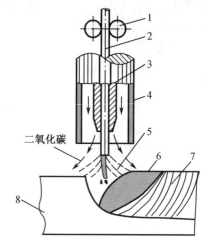

1—送丝滚轮;2—焊丝;3—导电嘴;4—喷嘴;
5—电弧;6—熔池;7—焊缝;8—工件。

图5-21 二氧化碳气体保护焊工作原理

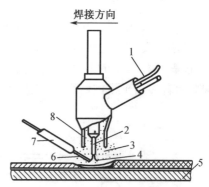

1—电流导体;2—非熔化钨极;
3—保护气体;4—电弧;5—铜垫板;
6—焊接填丝;7—焊接填充丝导管;
8—气体喷嘴。

图5-22 钨极氩弧焊工作原理

5.4.3 电阻焊

电阻焊是将零件组合后通过电极施加压力F,利用电流I通过零件的接触面及邻近区域产生的电阻热将其加热到熔化或塑性状态,使之形成金属结合的方法。根据接头形式电阻焊可分成点焊、缝焊、凸焊和对焊四种。

与其他焊接方法相比,电阻焊具有不需要填充金属、冶金过程简单、焊接应力及应变小、接头质量高、操作简单、易实现机械化和自动化、生产效率高等优点。其缺点是接头质量难以用无损检测方法检验,焊接设备较复杂,一次性投资较高。电阻点焊低碳钢、普通低合金钢、不锈钢、钛及合金材料时可以获得优良的焊接接头。电阻焊广泛用于汽车、拖拉机、航空航天、电子技术、家用电器、轻工业等领域。

1. 点焊

点焊方法如图5-23(a)所示,将零件装配成搭接形式,用电极将零件夹紧并通以电流,在电阻热作用下,电极之间零件接触处被加热熔化形成焊点。零件的连接可以由多个焊点实现。

2. 缝焊

缝焊工作原理与点焊相同,但用滚轮电极代替了点焊的圆柱状电极,滚轮电极施压于零件并旋转,使零件相对运动,在连续或断续通电下,形成一个个熔核相互重叠的密封焊缝,如图5-23(b)所示。

3. 凸焊

凸焊是电加热后突起点被压塌,形成焊接点的电阻焊方法,如图5-23(c)所示,突起点可以是凸点、凸环或环形锐边等形式。

4. 对焊

对焊方法主要用于断面小于250 mm的丝材、棒材、板条和厚壁管材的连接。其工作原理如图5-23(d)所示,将两零件端部相对放置,加压使其端面紧密接触,通电后利用电阻热加热零件接触面至塑性状态,然后迅速施加大的顶锻力完成焊接。

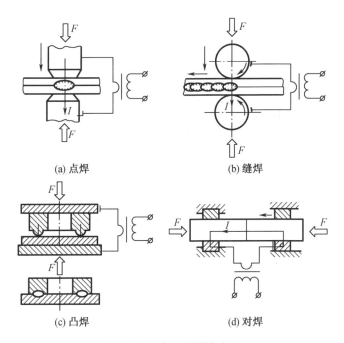

图5-23 电阻焊基本方法

5.4.4 钎焊

钎焊是利用比被焊材料熔点低的金属作钎料,经过加热使钎料熔化,靠毛细管作用将钎料吸入接头接触面的间隙内,润湿被焊金属表面,使液相与固相之间相互扩散而形成钎焊接头的焊接方法。

根据热源和加热方法的不同,钎焊分为火焰钎焊、感应钎焊、炉中钎焊、浸沾钎焊、电阻钎焊等。钎焊的优点是焊时由于加热温度低,对零件材料的性能影响较小,焊接的应力变形比较小;可以用于焊接碳钢、不锈钢、高合金钢、铝、铜等金属材料,也可以用于连接异种金属、金属与非金属;可以一次完成多个零件的钎焊,生产率高。钎焊的缺点是接头的强度一般比较低,耐热能力较差,适于焊接承受载荷不大和常温下工作的接头。另外,钎焊之前对焊件表面的清理和装配要求比较高。

5.5 焊接实习安全技术

5.5.1 电焊实习中要特别注意下列安全事项

(1)防止触电。开始工作前应检查电焊机是否接地,电缆、焊钳的绝缘是否完好;电焊时应穿绝缘胶鞋,或站在绝缘地板上操作。

(2)防止弧光伤害和烫伤。电弧发射出大量紫外线和红外线,对人体有害。操作时必须戴电焊手套和电焊面罩,穿好套袜等防护用品。特别要防止电焊的弧光直接照射眼睛。刚焊完的工件需用手钳夹持。敲击焊渣时应注意焊渣飞出的方向,以防伤人。

(3)保证设备安全。不得将焊钳放在工作台上,以免短路烧坏电焊机;发现电焊机或线路发热烫手时,应立即停止工作;操作完毕和检查电焊机及电路系统时,必须拉闸停电。

5.5.2 气焊、气割实习中要特别注意下列安全事项

(1)氧气瓶不得撞击,不得高温暴晒,不得沾上油脂或其他易燃物品。乙炔瓶必须竖立放稳,严禁卧放使用。氧气瓶和乙炔瓶附近严禁烟火,并需隔开一定距离放置。

(2)气焊、气割前应检查氧气和乙炔的导管接头处是否漏气,应检查焊炬和割炬的气路是否通畅、射吸能力及气密性等技术要求。

(3)气焊、气割时应注意不要把火焰喷射到人体身上和胶皮管上。

(4)刚刚气焊好或气割好的工件不要用手触及,以防烫伤。

(5)气焊、气割操作完毕,应及时关闭各气源气阀,清理现场。

复习思考题

1. 焊接与其他金属连接方法相比有哪些特点?
2. 焊接基本的接头形式有哪些?
3. 常见电弧焊缺陷有哪些,产生的原因是什么?
4. 说明氧气焊接和氧气切割的工作原理。
5. 试说明气焊点火操作的正确顺序。

第6章 钳 工

6.1 概 述

6.1.1 钳工的工作范围及特点

钳工是以手工操作为主，使用各种工具来完成零件的加工、机器装配和修理工作的工种。其基本操作有划线、锯削、锉削、钻孔、扩孔、铰孔、攻螺纹、套螺纹，还有錾削、刮削、研磨、矫正和铆接等操作。

钳工由于所用的工具简单，操作灵活便利，可以完成机械加工很难或无法完成的工作。但钳工的劳动强度较大，生产效率低，对工人的操作技术要求较高。随着现代工业技术的发展与进步，目前虽然有各种先进的加工方法，但很多工作仍然需要钳工来完成，钳工在机器制造与维修和生产中对保证产品质量仍起着重要作用。

6.1.2 钳工常用的设备和工具

钳工常用的设备有钳工工作台、台虎钳、钻床、手电钻等。常用的手用工具有划针、手锯、锉刀、刮刀、扳手、螺钉旋具、锤子等。

1. 钳工工作台

钳工工作台简称钳工台，用于安装台虎钳，进行钳工操作，分为单人使用钳工台和多人使用钳工台两种，用硬质木材或钢材做成。钳工台要求平稳、结实，台面高度一般以装上台虎钳后钳口高度恰好与人手肘齐平为宜，如图6-1所示。

2. 台虎钳

台虎钳是钳工最常用的一种夹持工具。锯削、锉削、錾削以及许多其他钳工操作都是在台虎钳上进行的。

台虎钳主体用铸铁制成，规格用钳口的宽度来表示，规格有 100 mm、125 mm、150 mm 和

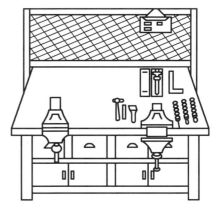

图6-1 钳工台

200 mm。常用的台虎钳有固定式和回转式两种，图6-2所示为回转式台虎钳的结构。

3. 钻床

钳工在加工零件时通常需要钻孔，常用的钻床有台式钻床、立式钻床、摇臂钻床和手电钻。

(1) 台式钻床

台式钻床是放在工作台上使用的钻床(图6-3)，钻孔直径一般为 1~13 mm，主轴下端带有钻夹头，用来安装钻头，通过变换三角带在带轮上的位置来调节主轴转速，通过手动可使钻头上、下做直线运动。台式钻床常用于单件、小件加工。

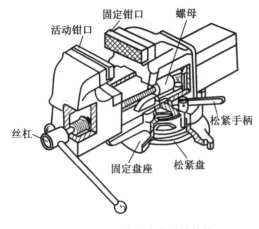

图6-2 回转式台虎钳的结构

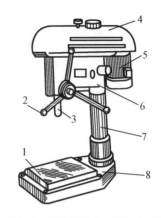

1—工作台；2—进给手柄；3—主轴；4—变速箱；
5—电动机；6—主轴架；7—立柱；8—机座。

图6-3 台式钻床

(2) 立式钻床

立式钻床以主轴为竖直布局，其规格以加工的最大直径表示，常用的有25 mm、35 mm、40 mm、50 mm等几种，如图6-4所示。立式钻床电动机的运动通过主轴变速箱和进给箱，得到主轴所需的转速和多种进给运动。进给运动既可手动也可自动。工作台用以安装工件，可做手动升降调整。主轴相对工作台的位置是固定的，加工多孔工件时需要移动工件来完成。

(3) 摇臂钻床

摇臂钻床如图6-5所示，它的主轴箱能沿着摇臂导轨做水平移动，而摇臂又能绕立柱旋转360°且沿立柱上下移动，工件固定在工作台或机座上。摇臂钻床适用于大型、复杂及多孔工件上各种类型的孔加工，可以方便地将刀具调整到所需的位置来加工孔。

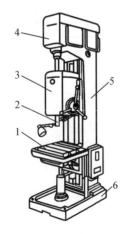

1—工作台；2—主轴；3—进给箱；
4—主轴变速箱；5—立柱；6—底座。

图6-4 立式钻床

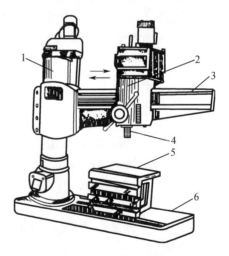

1—立柱；2—主轴箱；3—摇臂；
4—主轴；5—工作台；6—机座。

图6-5 摇臂钻床

6.2 划　　线

根据图样要求在毛坯或半成品上划出加工图形、加工界限或加工时找正用的辅助线称为划线。

划线分平面划线和立体划线两种,如图6-7所示。平面划线是在零件的一个平面或几个互相平行的平面上划线。立体划线是在工作的几个互相垂直或倾斜的平面上划线。

划线多数用于单件小批量生产,新产品试制和工、夹、模具制造。划线的精度较低;用划针划线的精度为0.25~0.5 mm,用高度尺划线的精度约为0.1 mm。

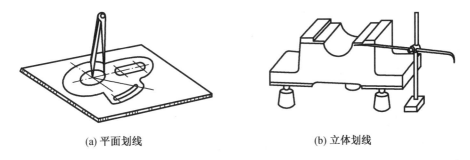

(a) 平面划线　　　　　　　　(b) 立体划线

图6-7　平面划线和立体划线

6.2.1　划线的目的

(1)划出清晰的尺寸界线以及尺寸与基准间的相互关系,既便于零件在机床上找正、定位,又使机械加工有明确的标志。

(2)检查毛坯的形状与尺寸,及时发现和剔除不合格的毛坯。

(3)通过对加工余量的合理调整分配(即划线"借料"的方法),使零件加工符合要求。

6.2.2　划线工具

1. 划线平台

划线平台又称划线平板,用铸铁制成,它的上平面经过精刨或刮削,是划线的基准平面,如图6-8所示。

(a)　　　　　　(b)

图6-8　划线平台

2. 划针、划针盘和划规

划针是在零件上直接划出线条的工具,如图6-9所示,由工具钢淬硬后将尖端磨锐或焊上硬质合金尖头。弯头划针可用于直线划针划不到的地方和找正工件。使用划针划线时必须使针尖紧贴钢直尺或样板。

划针盘如图 6-10 所示,它的直针尖端焊上了硬质合金,用来划与针盘平行的直线;另一端弯头针尖用来找正工件。

划规如图 6-11 所示,它用碳素工具钢制作,尖部焊有高速钢及硬质合金,两尖合拢的锥角为 50°~60°,划规主要用来等分线段和角度,截取尺寸,在平板上划圆弧和圆。

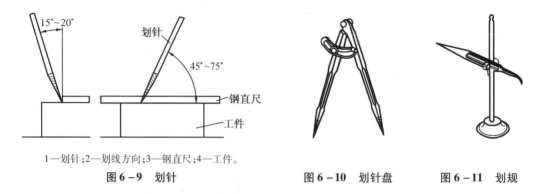

1—划针;2—划线方向;3—钢直尺;4—工件。

图 6-9 划针　　　　图 6-10 划针盘　　　图 6-11 划规

3. 高度游标卡尺与直角尺

高度游标卡尺如图 6-12 所示,它是根据游标卡尺原理制作的,既是划线工具又是划线量具。使用前,应将游标卡尺以平板为基准校零,在划线过程中应使刀刃一侧呈 45°接触工件,移动底座划线。

直角尺的两个工作面经精磨或研磨后成精确的直角。直角尺既是划线工具又是精密量具。直角尺有平面直角尺和宽座直角尺两种。前者用于平面划线中,用它在没有基准面的工件上划垂直线,如图 6-13(a)所示;后者用于立体划线中,用它靠住工件基准面划垂直线,或用它找正工件的垂直线或垂直面,如图 6-13(b)所示。

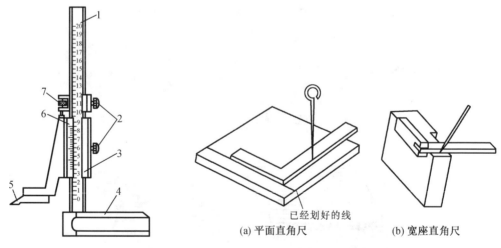

1—尺身;2—紧固螺钉;3—尺框;4—基座;
5—量爪;6—游标;7—微动装置。

图 6-12 高度游标卡尺

(a) 平面直角尺　　(b) 宽座直角尺

图 6-13 直角尺划线

4. 支承工具和样冲

(1) 方箱

如图 6-14 所示,方箱是用灰铸铁制成的空心长方体或立方体。它的 6 个面均经过精加工,相对的平面互相平行,相邻的平面互相垂直。方箱用于支承划线的工件,可划3个互成90°的直线。

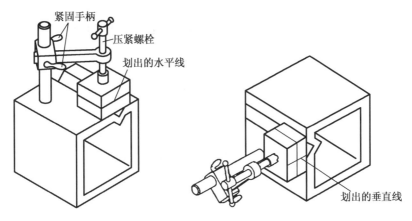

图6-14 方箱

(2) V形铁

如图6-15所示,V形铁主要用于安放轴、套筒等圆形零件。一般V形铁都是两个为一组,即平面与V形槽是在一次安装中加工的。V形槽夹角为90°或120°。

(3) 千斤顶

如图6-16所示,千斤顶常用于支承毛坯或形状复杂的大工件的划线。使用时,三个一组顶起零件,调整顶杆的高度便能方便地找正工件。

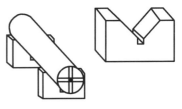

图6-15 V形铁

(4) 样冲

如图6-17所示,样冲用工具钢制成并经淬硬处理。样冲用于在划线条上打出小而均匀的样冲眼,以免工件上已划好的线在搬运、装夹过程中因碰、擦而模糊不清,影响加工。

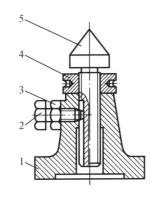

1—底座;2—导向螺钉;3—锁紧螺母;
4—圆螺母;5—顶杆。

图6-16 千斤顶

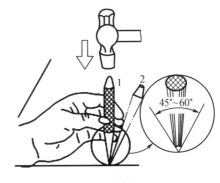

1—垂直敲击;
2—倾斜找正。

图6-17 样冲及使用

6.2.3 划线的方法与步骤

(1) 平面划线

平面划线的实质是平面几何作图问题。平面划线是用划线工具将图样按实物大小 1∶1 划到工件上去的。

①根据图样要求,选定划线基准。

②对工件进行划线前的准备(清理、检查、涂色,在工件孔中装中心塞块等)。在工件上划线部位涂上一层薄而均匀的涂料(即涂色),使划出的线条清晰可见。工件不同,涂料也不同。一般在铸、锻毛坯件上涂石灰水,小的毛坯件上也可以涂粉笔,钢铁半成品上一般涂龙胆紫(也称"兰油")或硫酸铜溶液,铝、铜等有色金属半成品上涂龙胆紫或墨汁。

③划出加工界限(直线、圆和连接圆弧)。

④在划出的线上打样冲眼。

(2) 立体划线

立体划线是平面划线的复合运用。它和平面划线有许多相同之处,如划线基准一经确定,其后的划线步骤大致相同。它们的不同之处在于一般平面划线应选择两个基准,而立体划线要选择三个基准。

6.3 锯 削

用手锯把原材料和零件割开,或在其上锯出沟槽的操作称为锯削。

6.3.1 锯削工具

1. 手锯

手锯是手工锯削的工具,由锯弓和锯条组成,有固定式和可调式两种,如图 6 – 18 所示。固定式锯弓是整体的,只能安装固定长度的锯条;可调式锯弓由前后两段组成,可以安装不同长度的锯条。

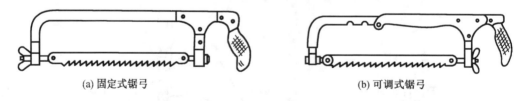

(a) 固定式锯弓　　　　　　　　(b) 可调式锯弓

图 6 – 18　手锯

2. 锯条

锯条常用碳素工具钢或高速钢制造,并经淬火和低温回火处理,性能硬而脆,若使用不当很容易折断。其规格以锯条两端小孔的中心距来表示,针对锯齿的齿距大小,可分为粗齿、中齿和细齿三种,具体分类及应用如表 6 – 1 所示。

表 6-1 锯条的分类及应用

锯齿种类	每 25 mm 长度内含齿数目/个	应用
粗齿	14~18	适用于铜、铝等软金属及厚工件
中齿	22~24	适用于普通钢、铸铁及中等厚度的工件
细齿	32	适用于硬钢板料及薄壁管子

手锯是向前推进时进行切削的。安装锯条时,锯齿方向必须朝前,松紧合适,不得歪斜扭曲。锯齿的正确安装方向如图 6-18 所示。

6.3.2 锯削的操作要领

1. 握据及站立姿势

握锯时,右手应满握锯柄,左手轻抚在锯弓前端,如图 6-19 所示。

锯削时,操作者应站立在台虎钳的左侧,左脚向前迈半步,与台虎钳的中轴线成 30°角,右脚在后,与台虎钳中轴线成 75°角,两脚间的间距与肩同宽,身体与台虎钳中轴线成 45°角,如图 6-20 所示。

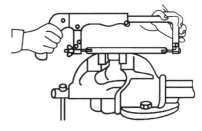

图 6-19 握锯方法

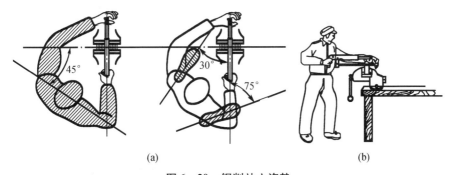

图 6-20 锯削站立姿势

2. 起锯

(1)起锯的方式有远起锯(图 6-21(a))和近起锯(图 6-21(b))两种,一般采用远起锯。

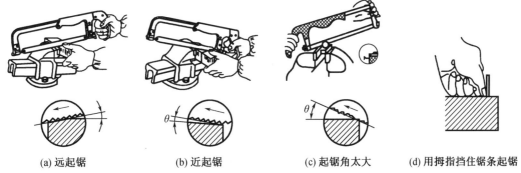

(a) 远起锯　　(b) 近起锯　　(c) 起锯角太大　　(d) 用拇指挡住锯条起锯

图 6-21 起锯

(2)起锯角 θ 以15°左右为宜(图6-21(c)),为了使起锯的位置正确和平稳,可用左手拇指挡住锯条来定位(图6-21(d))。

(3)起锯压力要小,往返行程要短,速度要慢,这样可使起锯平稳。

(4)当起锯出锯口后,锯条应逐渐改做水平直线往复运动。

3. 锯削

开始进锯时,用力要均匀,尽可能使全部锯齿参与切削;回锯时,让锯条从工件轻轻滑过,不要加压或摆动,每分钟大约往复40次;接近锯断时,要缓慢进行锯削。

4. 注意事项

在虎钳上夹紧工件,要注意:

(1)夹持要牢固,不可有抖动。

(2)工件夹持在虎钳的左侧,以方便操作。

(3)锯削线应与钳口垂直,离钳口不应太远(一般为5~10 mm)。

6.4 锉 削

锉削是用锉刀去除工件表面多余材料的加工方法。锉削是钳工的基本操作,锉削表面粗糙度 Ra 可达到 $1.6 \sim 0.8$ μm。锉削加工范围广、加工余量小、劳动强度大,可加工平面、台阶面、圆弧面、沟槽和各种复杂表面等。

6.4.1 锉刀

1. 锉刀结构

锉刀是锉削的主要工具。它由碳素工具钢 T12 或 T13 制成,经热处理后切削部分硬度达 60~64 HRC。

锉刀由锉身(即工作部分)和锉柄两部分组成。锉身上具有一系列的平行锉纹,称为锉齿。锉刀的结构如图6-22所示。

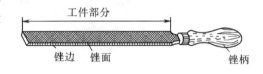

图6-22 锉刀的结构图

2. 锉刀种类

锉刀按用途不同可分为普通锉刀、整形锉刀和特种锉刀三种;按齿纹粗细不同可分为粗齿锉、中齿锉、细齿锉和油光齿锉等;按其工作部分长度不同可分为100 mm、150 mm、200 mm、250 mm、300 mm、350 mm 及 400 mm 等7种。生产中应用最多的为普通锉刀,普通锉刀按其断面形状和用途不同又可分为平锉、半圆锉、方锉、三角锉、圆锉等几种,如图6-23所示。

3. 锉刀的选用

合理地选用锉刀有利于保证加工质量、提高工作效率和延长使用寿命。锉刀的选用原则是根据工件的形状和加工面大小选择锉刀的形状和规格;根据材料硬度、加工余量、精度和表面粗糙度的要求选择锉刀齿纹的粗细。锉刀的选择如表6-2所示。

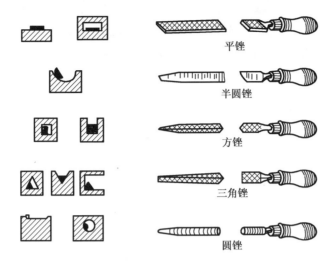

图 6-23 普通锉刀种类

表 6-2 锉刀的选择

锉齿种类	齿数(10 mm 长度内)/个	特点及应用
粗齿	4~12	适用于粗加工或锉铜、铝等有色金属
中齿	13~23	齿间适中,适用于粗锉后加工
细齿	30~40	锉光表面或锉硬金属
油光齿	50~62	精加工时,修光表面

6.4.2 锉刀的操作要领

1. 锉刀的握法

锉削时,通常根据锉刀的大小采取相应的握法,主要由右手用力,左手使锉刀保持水平,并引导滑刀水平移动。图 6-24 所示为大、中、小锉刀的握法。

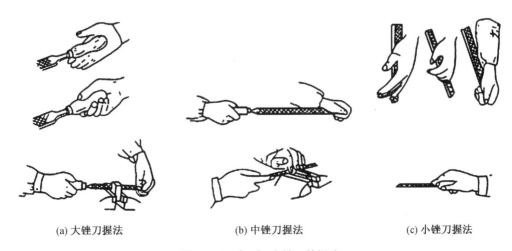

(a) 大锉刀握法　　　　(b) 中锉刀握法　　　　(c) 小锉刀握法

图 6-24 大、中、小锉刀的握法

2.锉削姿势

锉刀开始前推时,身体应一同前进。当锉刀前推至约三分之二时,身体停止前进,两臂则继续将锉刀前推到头;锉刀后退时,两手不加压力,身体逐渐恢复原位,将锉刀收回,如此往复做直线的锉削运动。

6.4.3 锉削方法及检验

1.平面锉削

锉削平面的方法分为交叉锉法、顺锉法和推锉法三种,如图6-25所示。

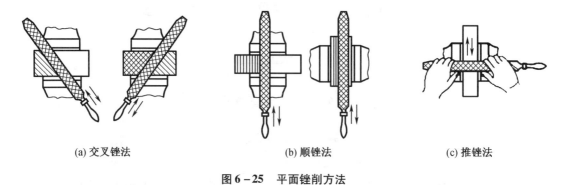

(a) 交叉锉法　　　　　(b) 顺锉法　　　　　(c) 推锉法

图6-25 平面锉削方法

粗锉时可用交叉锉法,这种方法不仅效率高,而且可利用锉痕判断加工表面是否平整。平面基本锉平后,可用细锉或光锉顺向锉削,锉出单向锉纹,并锉光。当工件表面狭长或加工面的前面有凸台,没法用顺锉法来锉光时,可用推锉法锉削。

2.圆弧面锉削

外圆弧面一般可采用平锉进行锉削,常用的锉削方法有横锉法和滚锉法两种。横锉法如图6-26(a)所示,是横着沿圆弧方向锉,可锉成接近圆弧的多棱形(适用于曲面的粗加工)。滚锉法如图6-26(b)所示,锉刀向前锉削时右手下压,左手随着上提,使锉刀在零件圆弧上转动。

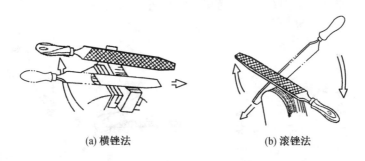

(a) 横锉法　　　　　(b) 滚锉法

图6-26 圆弧面的锉削方法

3.检验

工件锉平之后,根据图样要求检查锉削质量。通常检查项目包括尺寸、平面度、垂直度和表面粗糙度;常用检查工具是游标卡尺、直角尺、刀口尺、样板等量具;常用透光法检查平面度和垂直度。检查表面粗糙度一般用眼睛观察或用样板对照检查。

6.5 钻孔、扩孔、铰孔和锪孔

钳工中常用的孔加工方法有钻孔、扩孔及铰孔等,钻孔、扩孔及铰孔分别属于孔的粗加工、半精加工和精加工。

6.5.1 钻孔

钻孔是用钻头在实体材料上加工孔的操作。钻孔的尺寸公差等级为 IT11～IT12;表面粗糙度 Ra 为 12.5～25 μm。

1. 标准麻花钻

标准麻花钻是钳工钻孔最常用的刀具,它由高速钢(W18Cr4V)制成并经热处理,因其外形像麻花而得名。标准麻花钻由钻柄、颈部及工作部分组成,如图 6-27 所示。

(1)钻柄

钻柄作为钻头的夹持部分,用来传递转矩和轴向力。按其形状不同,钻柄分为锥柄和直柄两种。锥柄,对中性好,传递扭矩较大,用于直径大于 13 mm 的钻头;直柄,传递扭矩较小,用于直径小于 13 mm 的钻头。

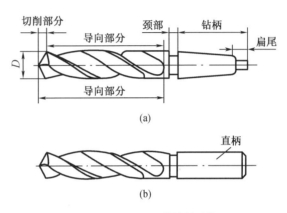

图 6-27 标准麻花钻的结构

(2)颈部

它位于钻柄和工作部分之间,主要作用是在磨削钻头时供砂轮退刀用,还可以刻印钻头的规格、商标和材料等标记。

(3)工作部分

它由切削部分和导向部分组成。切削部分由两条主切削刃担负主要切削工作,其夹角为 118°。导向部分由螺旋槽和棱边构成,除用于引导钻削方向外,还起到排屑和修光孔壁等作用。

2. 工件的装夹

工件钻孔时应保证被钻孔的中心线与钻床工作台面垂直,根据工件大小、形状特点、加工要求以及生产批量性选择合适的装夹方法。常用的附件有手虎钳、机用虎钳、V 形块和压板螺钉等,如图 6-28 所示。

3. 钻头的装夹

钻头的装夹方法,按其钻柄的形状不同而异。直柄钻头用钻夹头安装,如图 6-29(a)所示。锥柄钻头可以直接装入钻床主轴锥孔内,较小的钻头可用过渡套筒安装,如图 6-29(b)所示。钻夹头(或过渡套筒)的拆卸方法是将楔铁插入钻床主轴侧边的扁孔内,左手握住钻夹头,右手用锤子敲击楔铁卸下钻夹头。

4. 钻孔方法及注意事项

(1)刃磨钻头时,两边的切削刃要对称,以免引起颤动或将孔钻大。

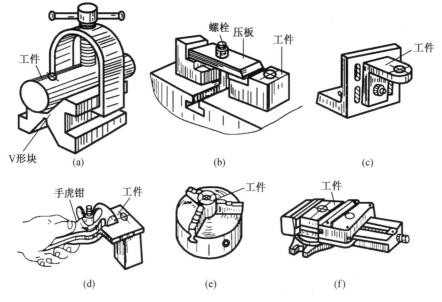

图 6-28 钻孔常用工件装夹方法

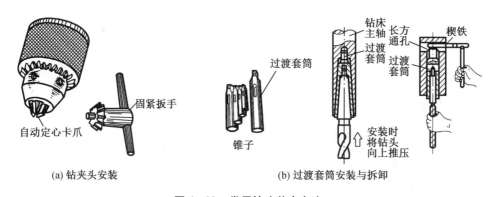

(a) 钻夹头安装　　　　　　　　(b) 过渡套筒安装与拆卸

图 6-29 常用钻头装夹方法

（2）单件小批量生产时，钻孔前要划线，孔中心打出样冲眼，以起定心作用。大批量生产时，广泛应用钻模钻孔，可以免去划线工作，且钻孔精度较高。

（3）工件材料较硬或钻较深孔时，在钻孔过程中要不断将钻头抬起，方便排除切屑，并防止钻头过热。钻削韧性材料时，要加切削液。

（4）孔径超过 30 mm 时，应分两次钻孔，先钻一个小孔，以减小轴向力。

（5）在斜壁上钻孔，必须先用中心钻钻出定心坑，或用立铣刀铣出一个平面。

（6）钻孔时，进给速度要均匀。钻通孔时，工件下面要垫上垫板或把钻头对准工作台空槽，将要钻通时，进给量要减小。

（7）为了操作安全，钻孔时，身体不要贴近主轴，不得戴手套，手中也不许拿棉纱。切屑要用毛刷清理，不得用手抹或用嘴吹。工件必须放平稳并夹持牢固。更换钻头时要停稳。松紧钻夹头时，要用固紧扳手，切忌锤击。

6.5.2 扩孔与铰孔

1. 扩孔

扩孔是将已有的孔(铸出、锻出或钻出的孔)扩大加工,既可作为孔加工的最后工序,也可作为铰孔前的准备工序。由于扩孔钻与麻花钻的特点不同,因此可以获得较高的精度和较小的表面粗糙度,其尺寸精度一般为 IT9~IT10,表面粗糙度 Ra 为 3.2~6.3 μm。

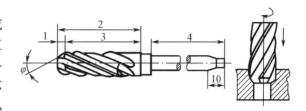

1—切削部分;2—工作部分;3—导向部分;4—钻柄。

图 6-30 扩孔钻的结构

用扩孔钻扩孔时,由于扩孔钻有 3~4 个刀瓣,加工余量小,加工质量高于钻孔,如图 6-30 所示;用麻花钻扩孔时,当孔径较大时,先用小钻头(孔径的 0.5~0.7 倍)预钻孔,再用大钻头扩孔。

2. 铰孔

铰孔是用铰刀对孔壁进行精加工的操作(图 6-31(a)),加工余量较小(粗铰 0.15~0.35 mm,精铰 0.05~0.15 mm),其尺寸精度可达 IT7~IT8,表面粗糙度 Ra 可达 0.8~1.6 μm。铰刀分为机用铰刀和手用铰刀两种,如图 6-31(b) 和图 6-31(c) 所示。

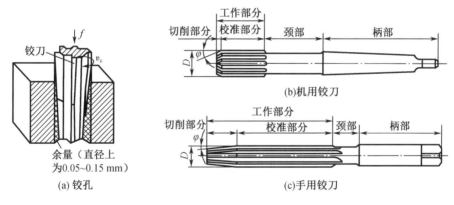

图 6-31 铰孔和铰刀

机用铰刀为锥柄,可以安装在钻床或车床上,铰孔时选用较低的切削速度,并选用合适的切削液,铰铸铁件时用煤油,铰钢件时用乳化液,以降低加工孔的表面粗糙度。

手用铰刀为直柄,安装在铰杠上,通过两手握铰杠手柄,缓慢转动铰刀向孔内进给,使铰刀保持与零件垂直,完成铰削。

6.5.3 锪孔

锪孔是用锪钻对孔口端面进行加工的操作。锪孔的形式有以下几种。

1. 锪圆柱形埋头孔

如图 6-32(a) 所示,锪钻的端刃起主要切削作用,周刃为副切削刃,起修光作用。为保持原有孔与埋头孔同心,锪钻前带有导柱,与已有孔相配,起定心作用。

2. 锪锥形埋头孔

如图6-32(b)所示，锪钻有6~12个切削刃，其锥顶角有60°、75°、90°及120°四种，90°用得最为广泛。

3. 锪孔端平面

如图6-32(c)所示，端面锪钻用于锪与孔垂直的孔口端面，也有导柱，起定心作用。

锪孔时，切削速度不宜过高，锪钢件时需要加润滑油，以免锪削表面产生径向振纹或出现多棱形等质量问题。

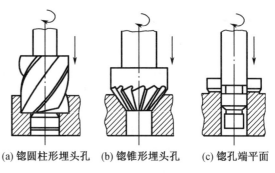

(a) 锪圆柱形埋头孔　(b) 锪锥形埋头孔　(c) 锪孔端平面

图6-32　锪钻锪孔

6.6 攻螺纹和套螺纹

攻螺纹是使用丝锥在工件内孔加工出内螺纹的操作。套螺纹是使用板牙在圆杆、管子上加工出外螺纹的操作。

6.6.1 攻螺纹

1. 攻螺纹的工具

(1) 丝锥

丝锥是加工小直径内螺纹的成形工具，由高质量碳素工具钢经过淬火和磨削制成，如图6-33所示。它由切削部分、校准部分和柄部组成，切削部分磨出锥角，有锋利的切削刃，起主要切削作用。校准部分有完整的齿形，用以

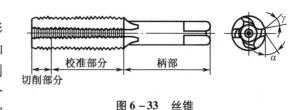

图6-33　丝锥

校准和修光切出的螺纹，并引导丝锥沿轴向运动。丝锥的工作部分有3~4条窄槽，用以形成切削刃和排屑，以便于切削液润滑丝锥。

丝锥有机用和手用两种，机用丝锥一般为一支，手用丝锥可分为二个一组或三个一组，即头锥、二锥、三锥，两个一组的丝锥比较常用。在一组丝锥中，丝锥的直径都一样，只是切削部分的长度和锥角不同。头锥切削部分较长，一般有5~7个牙形，锥角小；二锥切削部分较短，有1~2个牙形，锥角较大。

(2) 铰杠

铰杠是用来夹持并转动丝锥的手动工具，有固定式铰杠和可调式铰杠两种。固定式铰杠主要用于攻M5以下的螺纹孔；可调式铰杠主要用于攻M5~M24的螺纹孔。

2. 攻螺纹的方法

(1) 攻螺纹前需要钻底孔，底孔直径可根据经验公式计算，也可根据螺纹直径按表6-3进行选择。对于不通孔(盲孔)的螺纹，因丝锥不能攻到孔底，所以孔的深度要大于螺纹长度，其大小等于要求的螺纹长度加上螺纹外径的0.7倍。

表 6-3 螺纹底孔的钻头直径　　　　　　　　　　　　单位：mm

螺纹直径	2	3	4	5	6	8	10	12	14	16	20	24
螺距	0.4	0.5	0.7	0.8	1	1.25	1.5	1.75	2	2	2.5	3
钻头直径	1.6	2.5	3.3	4.2	5	6.7	8.5	10.2	11.9	13.9	17.9	20.9

(2) 手工攻螺纹时，如图 6-34 所示，双手转动铰杠，并轴向加压力，当丝锥切入零件 1~2 牙时，用直角尺检查丝锥是否歪斜，及时纠正后再往下攻，保证丝锥与端面的垂直。

(3) 双手均匀用力，为避免切屑堵塞，要经常倒转 1/4~1/2 转，以达到断屑目的。

(4) 头锥攻完后反向退出，再用二锥，每换一锥，都要找正后再攻入，以防乱扣。

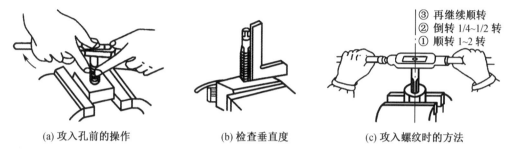

(a) 攻入孔前的操作　　　(b) 检查垂直度　　　(c) 攻入螺纹时的方法

图 6-34 手工攻螺纹的方法

6.6.2 套螺纹

1. 套螺纹的工具

(1) 板牙

板牙是加工小直径外螺纹的成形刀具，如图 6-35 所示。板牙的形状和圆形螺母相似，只是在靠近螺纹处钻了几个排屑孔，以形成切削刃。板牙两端是切削部分，做成锥角，当一端磨损后，可换另一端使用；中间部分是校准部分，主要起修光螺纹和导向作用。板牙的外圆柱面上有四个锥坑和一个 V 形槽。有两个锥坑的轴线与板牙直径方向一致，它的作用是通过板牙架上两个紧固螺钉将板牙紧固在板牙架内，以便传递转矩。

图 6-35 板牙

(2) 板牙架

板牙架是用来夹持板牙、传递转矩的专用工具，如图 6-36 所示。板牙架与板牙配套使用，为了减小板牙架的规格，一定直径范围内的板牙的外径是相等的，当板牙外径与板牙架不配套时，可以加过渡套或使用大一号的板牙架。

2. 套螺纹的方法

(1) 套螺纹前应先确定工件直径，工件直径太大则难以套入，太小则套出的螺纹不完整，具体确定方法可以查表或按经验公式计算（工件直径等于螺纹大径减去 0.2 倍的螺距）。

(2) 套螺纹前必须将工件倒角，以便于板牙的顺利套入。

图 6-36 板牙架

(3) 将板牙带锥度的一端垂直地放在工件上,如图 6-37 所示。在板牙架的手柄上用力要均匀,开始转动板牙时,要稍加压力,套入几扣后及时检查垂直情况。

(4) 旋转板牙一圈,然后反转大半圈,反复操作,以便断屑。套入 3~4 圈后,可只转动不加压,如图 6-37 所示。

(5) 在钢杆上套螺纹时应加机油润滑。

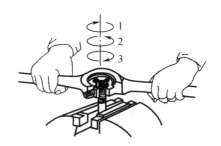

图 6-37 套螺纹的方法

6.7 钳工实习安全技术

钳工实习中要特别注意下列安全事项及操作规程:

(1) 用虎钳装夹工件时,要夹紧并注意虎钳手柄的旋转方向。不可使用没有手柄或手柄松动的工具(如锉刀、手锤),发现手柄松动时必须加以紧固。

(2) 锯削操作时,应注意锯条安装松紧要适当;工件伸出钳口不应过长,工件要夹紧;锯削时用力要均匀;起锯角度不要超过 15°;锯割将完时注意扶稳将断端。

(3) 锉削操作时应注意锉刀放置时不能露出工作台外;锉削时不能用油污的手去摸已锉过的面;清除铁屑只准用毛刷扫。

(4) 钻削操作时,要严格遵守有关安全操作规程。严禁戴手套操作,应佩戴护目镜,防止铁屑飞入眼睛。

(5) 工件及钻头要夹紧装牢,防止钻头脱落或飞出;运动中严禁变速,变速时必须等停车后待惯性消失再换挡;孔将钻穿时要减少进给;使用手电钻时应戴胶手套和穿胶鞋。

(6) 任何人在使用设备后,都应把工具、量具、材料等物品整理好,并做好设备清洁和日常设备维护工作。

(7) 要保持工作环境的清洁,每天下班前 10 min 要清理工作场所;必须做好防火、防盗工作,检查门窗是否关好,相关设备和照明电源开关是否关好。

训练项目实例

1. 锤头

图 6-38 所示为锤头图形尺寸,材料为 45 钢。

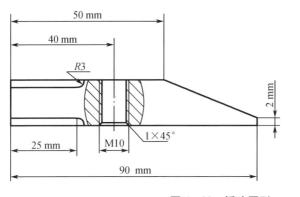 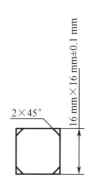

图 6-38 锤头图形

2. 锤头制作的操作步骤

(1) 下料长度 91 mm 方钢;工辅量具为锯弓、台虎钳和钢板尺。
(2) 锉 16 mm×16 mm 小平面使其与长面垂直;工辅量具为锉刀、台虎钳、直角尺。
(3) 划线;工辅量具为划针、方箱、高度游标卡尺。
(4) 锯削斜面、锉削平面,达到图纸尺寸;工辅量具为锯弓、平面锉、台虎钳、直角尺、游标卡尺。
(5) 划线、钻螺纹底孔;工辅量具为方箱、钻头、平口钳、高度游标卡尺。
(6) 攻螺纹、倒角;工辅量具为丝锥、铰杠、钻头、锉刀、台虎钳、游标卡尺、直角尺。

复习思考题

1. 零件加工前为何要划线?划线的作用是什么?
2. 锯削时的起锯方式有哪几种?起锯时应注意哪些问题?
3. 锉削有哪些方法,各适宜什么场合?锉刀如何选择?
4. 钻孔、扩孔与铰孔各有什么区别?
5. 攻 M12 螺母和套 M12 螺栓时,底孔直径和螺杆直径是否相同,为什么?

第7章 车削加工

7.1 概 述

车削加工是指在车床上应用刀具与工件做相对切削运动,用以改变毛坯的尺寸和形状等,将其加工成所需零件的一种切削加工方式。其中,工件的旋转运动为主运动,刀具相对工件的横向或纵向移动为进给运动。

车削加工主要用于加工各种回转体表面,加工尺寸公差等级较宽,一般可达 IT7~IT12,精车时可达 IT5~IT6。表面粗糙度 Ra 的范围一般是 0.8~6.3 μm。车削在切削加工中是最常用的一种加工方法。车床占机床总数的一半左右,故在机械加工中具有重要的地位和作用。

车床的加工范围很广,能够加工各种内、外圆柱面,内、外圆锥面,端面,内、外沟槽,内、外螺纹,内、外成形面,丝杠,钻孔,扩孔,铰孔,镗孔,攻螺纹,套螺纹,滚花等,如图 7-1 所示。

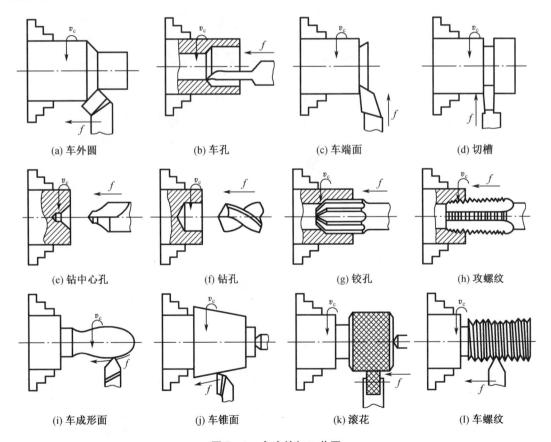

图 7-1 车床的加工范围

7.2 车工基础知识

7.2.1 卧式车床

车床的种类很多,按结构和用途的不同,主要分为卧式车床、立式车床、转塔车床、自动和半自动车床、仪表车床、数控车床等。其中以卧式车床应用最为广泛。目前实习常用的车床型号为 C6132、CA6136、CA6140 等。下面以 CA6136 和 CA6140 为例介绍车床的基本知识。

1. 卧式车床型号

车床型号用来表示机床类别、特性、组系和主要参数的代号。按照 GB/T 15375—2008《金属切削机床 型号编制方法》的规定,机床型号由汉语拼音字母和阿拉伯数字组成。

以 CA6136/CA6140 为例,各字母及数字的表示含义为:C 为类别代号,表示车床类机床;A 为结构特性代号;6 为组代号,即落地及卧式车床组;1 为系代号,即卧式车床系;36 或 40 为主参数,表示机床可加工的最大工件的回转直径的 1/10,即该车床可加工最大工件直径为 360 mm 或 400 mm。

2. 卧式车床的结构

卧式车床的组成部分主要有主轴箱、挂轮箱、进给箱、溜板箱、丝杠、光杠、方刀架、尾座、床身及床腿等,以 CA6136 为例,其外形结构如图 7-2 所示。

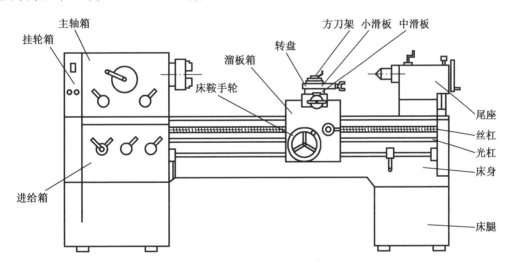

图 7-2 CA6136 机床外形结构

(1) 主轴箱

主轴箱内装有主轴和变速机构,作用是通过变换主轴箱外部手柄的位置,可使主轴获得 24 种不同的转速(37 ~ 1 600 r/min)。主轴是空心结构,能通过长棒料。主轴的右端有外螺纹,用以连接卡盘、拨盘和其他夹具来装夹工件。主轴后端的内表面是莫氏 5 号的锥孔,可配合锥套和顶尖。主轴箱的另一个重要作用是将运动通过挂轮箱传给进给箱,并可改变进给方向。

(2) 挂轮箱

挂轮箱的作用是将主轴箱的运动传给进给箱。改变挂轮箱内齿轮的传动比,可加工特殊螺纹。

(3)进给箱

进给箱是进给运动的变速机构,通过调整外部手柄的位置,可使车刀获得所需的各种不同的进给量或螺距(单头螺纹称螺距,多头螺纹称导程)。进给箱把运动传递给丝杠或光杠。

(4)溜板箱

溜板箱是车床进给运动的操纵箱。它使光杠或丝杠的旋转运动通过齿轮和齿条或开合螺母带动车刀做进给运动。箱内装有进给运动的变向机构,箱外有纵、横向手动进给,机动进给及开合螺母等控制手柄。通过改变不同的手柄位置,可使车刀纵向或横向自动进给或将丝杠传来的运动变换成车螺纹的进给运动。

(5)光杠和丝杠

光杠和丝杠可将进给箱的运动传给溜板箱。光杠传动用于一般车削,丝杠传动用于车削螺纹。光杠和丝杠的变换手柄在进给箱外。

(6)刀架和滑板

刀架用来装夹车刀,可同时装夹4把车刀。滑板使刀架做纵向、横向或斜向进给运动,由床鞍、中滑板、转盘、小滑板组成。

①床鞍。与溜板箱连接,可使车刀做纵向进、退刀运动,以控制工件长度尺寸。

②中滑板。在床鞍上面,可使车刀做横向进、退刀运动,以控制工件直径尺寸。

③转盘。在横滑板上面,上面有刻度,用来调整锥体角度。

④小滑板。在转盘上面,只能手动,用来调整工件长度尺寸的微调和配合转盘车锥体工件。

(7)尾座

尾座的底面与床身导轨面接触,可调整并固定在床身导轨面的任意位置上。在尾座套筒内装上顶尖,可支承轴类工件,装上钻头或铰刀可用于钻孔或铰孔。

(8)床身

床身是车床的基础构件,用于连接各主要部件并保证其相对位置,其导轨用于引导床鞍和尾座的纵向移动。

(9)床腿

床腿用于支承床身并与地基进行连接。

3. 车床的传动系统

CA6136卧式车床有两条传动路线:从电动机经变速箱、带轮和主轴箱使主轴旋转,称为主运动传动系统;从主轴箱经挂轮箱到进给箱,再经光杠或丝杠到溜板箱使刀架移动,称为进给运动传动系统。具体传动路线如图7-3所示。

(1)主运动传动系统

CA6136卧式车床的主轴共有正转12种转速,反转6种转速,它们分别是,正转:37,52,72,105,150,205,290,410,570,820,1 170,1 600 r/min;反转:102,145,200,800,1 140,1 570 r/min。

(2)进给运动传动系统

车床做一般进给时,刀架由光杠经溜板箱中的传动机构带动。对于每一组配换齿轮,进给箱可变化20种不同的进给量。

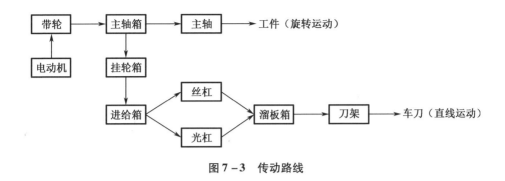

图 7-3 传动路线

加工螺纹时,车刀的纵向进给运动由丝杠带动溜板箱上的开合螺母,拖动刀架来实现。

7.2.2 车床附件及工件安装

在车床上安装工件时,要求定位准确,即被加工表面的回转中心与车床主轴的轴线重合,夹紧可靠,能承受合理的切削力,保证工作时安全,且使加工顺利,达到预期的加工质量。在车床上常用于装夹工件的附件有自定心卡盘、单动卡盘、顶尖、心轴、花盘、中心架、跟刀架和压板等。

1. 三爪自定心卡盘安装工件

三爪自定心卡盘是车床最常用的附件,其结构如图 7-4 所示。由于三爪是同时动作的,可以达到自动定心兼夹紧的目的。装夹工件迅速,能自动定心,适合装夹比较规则的工件,如圆柱形、三角形、六角形等中小工件。如果工件有形状或位置加工精度要求,应尽可能在一次装夹中车出,多次装夹不能保证其加工精度要求。

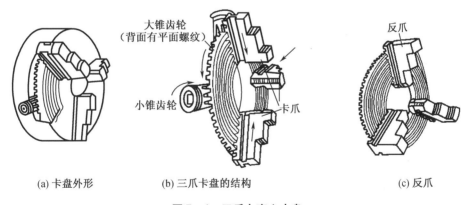

(a) 卡盘外形　　　(b) 三爪卡盘的结构　　　(c) 反爪

图 7-4 三爪自定心夹盘

三个卡爪有正爪和反爪之分,正爪可装夹较小直径的工件,如图 7-5(a)所示;对于套类、环状内孔较大的工件,还可利用正爪外部径向张力夹持工件,如图 7-5(b)所示;反爪可装夹较大直径的工件,如图 7-5(c)所示。对于较长工件除采用自定心卡盘夹紧外,另一端还需用尾座顶尖支承方可装夹工件,如图 7-5(d)所示。

使用三爪自定心卡盘装夹工件的步骤如下:

(1)将毛坯轻轻夹持在三个爪之间。

(2)使主轴低速回转,检查工件有无偏摆,若出现偏摆则在停车后用小锤轻敲校正,然后夹紧工件。

（3）检查刀架与卡盘或工件在车削行程内是否有碰撞，并注意每次使用卡盘扳手后及时取下扳手，以免开车时飞出伤人。

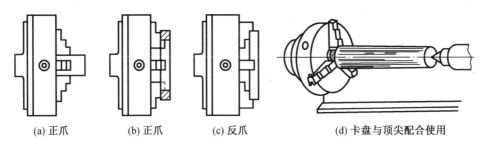

(a) 正爪　　(b) 正爪　　(c) 反爪　　(d) 卡盘与顶尖配合使用

图 7-5　卡盘装夹形式

2. 单动卡盘及工件安装

单动卡盘也是车床常用的附件，如图 7-6 所示。单动卡盘上的四个卡爪分别通过转动螺杆而实现单动。根据加工的要求，利用划针盘划线找正后，安装精度比自定心卡盘高，单动卡盘的夹紧力大，适用于夹持较大的圆柱形工件或形状不规则的工件。

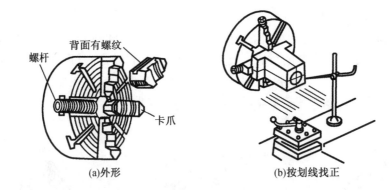

(a) 外形　　(b) 按划线找正

图 7-6　单动卡盘及工件找正

3. 双顶尖安装工件

常用的顶尖有固定顶尖和回转顶尖两种，如图 7-7 所示。

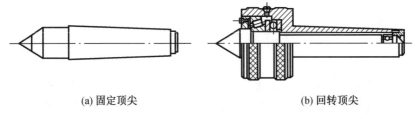

(a) 固定顶尖　　(b) 回转顶尖

图 7-7　顶尖

当轴类工件较长，加工工序较多或有较高加工精度要求时，经常采用双顶尖安装工件，如图 7-8 所示。工件两端有中心孔，被支承在前后两顶尖间，即以工件轴心线定位，多次装夹都能保证其加工精度要求。工件的旋转由拨盘（或卡盘爪）带动鸡心夹头旋转，鸡心夹头用螺钉和工件固定。下道工序如磨外圆,铣削时铣键槽等都会使用车削时打好的中心孔来定位。

4. 芯轴及工件安装

精加工套筒类零件时,如孔与外圆的同轴度以及孔与端面的垂直度要求较高时,工件需在芯轴上装夹进行加工,如图7-9所示。这时应先加工孔,然后以孔定位安装在芯轴上,再一起安装在两顶尖上进行外圆和端面的加工。

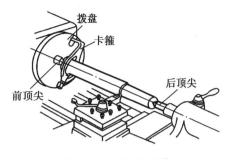

图7-8 双顶尖安装

根据工件的形状、尺寸、精度及加工数量不同,常用的芯轴有锥度芯轴和圆柱芯轴(图7-9)。

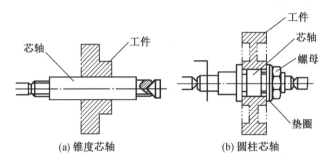

图7-9 芯轴装夹工件

5. 花盘及工件安装

当工件形状不规则或形状较复杂(如箱体件)时,自定心卡盘、单动卡盘或顶尖都无法装夹,可用花盘进行装夹,如图7-10所示。花盘工作面上有许多长短不等的径向导槽,安装工件时配以角铁、压块、螺栓、螺母、垫块、弯板和配重铁等,可将工件装夹在盘面上。安装时,按工件的划线痕迹进行找正,同时要注意重心的平衡,以防止工件旋转时振动。

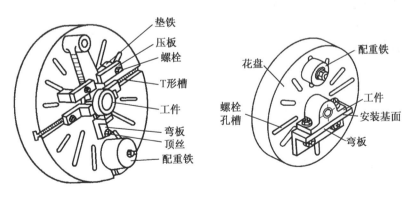

图7-10 花盘装夹

6. 中心架和跟刀架的使用

当车削较长工件的端面、内孔或工件长度与直径比大于20 mm的细长轴时,由于工件本身的刚性很差,当受切削力作用时,往往容易产生变形和振动,甚至使工件飞出发生危险。为防止上述现象发生,需要附加辅助支承,即中心架和跟刀架。

中心架主要用于加工较长工件的端面、内孔和有台阶或需要调头车削的细长轴,中心架固定在床身导轨上,车削前调整其三个爪,使其与工件轻轻接触,并加上润滑油,如图7-11所示。

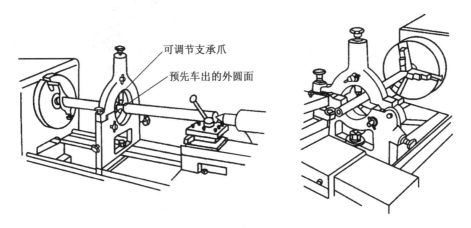

图 7-11 用中心架车削外圆、端面

跟刀架主要用于车削细长轴,如图7-12所示。跟刀架固定在床鞍上,有两个支承爪或三个支承爪与工件接触,它可以随车刀移动,抵消径向切削力,以增加工件的刚性,提高车削细长轴的形状精度和减小表面粗糙度。车削时工件比较稳定,不易产生振动。

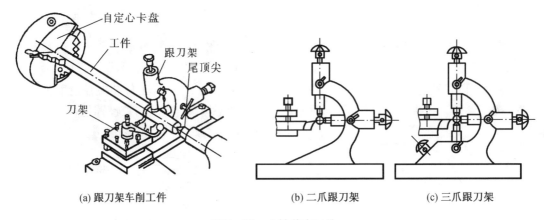

(a) 跟刀架车削工件　　　　(b) 二爪跟刀架　　　　(c) 三爪跟刀架

图 7-12 心轴装夹工件

7.2.3 车刀及其安装

1. 车刀的组成

车刀是形状最简单的单刃刀具,其他各种复杂刀具都可以看作车刀的组合和演变,有关车刀角度的定义,均适用于其他刀具。

车刀由刀头(切削刀头部分)和刀体(夹持部分)所组成。车刀刀体的切削部分由"三面、二刃、一尖"组成,如图7-13所示。

前面:切削时,切屑流出所经过的表面。

主后面:切削时,与工件加工表面相对的表面。

副后面:切削时,与工件已加工表面相对的表面。

主切削刃:前面与主后面的交线。它可以是直线,担负着主要的切削工作。

副切削刃:前面与副后面的交线,一般只担负少量的切削工作。

刀尖:主切削刃与副切削刃的相交部分。

2. 车刀的种类及用途

车刀的结构类型主要有三种,即整体式、焊接式和机夹可转位式,如图 7-14 所示。

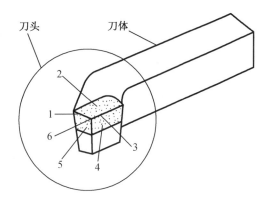

1—副切削刃;2—前面;3—主切削刃;
4—主后面;5—副后面;6—刀尖。

图 7-13 车刀的组成

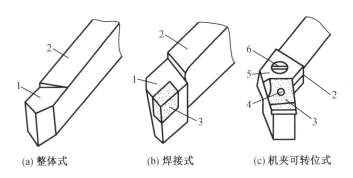

(a) 整体式　　(b) 焊接式　　(c) 机夹可转位式

1—刀头;2—刀体;3—刀片;4—圆柱销;5—嵌体;6—压紧螺钉。

图 7-14 车刀结构类型

(1) 整体式

主要用整体高速钢制造,刃口可磨得较锋利,常适用于小型车床或加工非铁金属,低速切削。

(2) 焊接式

焊接硬质合金或高速钢刀片,结构紧凑,使用灵活,各类车刀都适用。

(3) 机夹可转位式

避免了焊接产生的应力、裂纹等缺陷,刀杆利用率高,刀片可快速转位,生产率高,断屑稳定,可使用涂层刀片,常用于大中型车床加工外圆、端面、镗孔、切断、螺纹车刀等,特别适用于自动线、数控机床。

在车削过程中,零件的形状、大小和加工要求不同,采用的车刀种类也不同,常用的有外圆车刀、端面车刀、切槽刀、内孔车刀、螺纹车刀和成形车刀等,如图 7-15 所示。

外圆车刀又称尖刀,主要用于车削外圆、平面和倒角。常用主偏角为 90°、75° 和 45° 三种外圆车刀。

切槽刀的刀头较长,切削刃狭长,这是为了减少工件材料消耗和切断时能切到中心的缘故。因此,切槽刀的刀头长度必须大于工件的半径。

螺纹车刀牙形有三角形、矩形和梯形等,相应使用三角形螺纹车刀、矩形螺纹车刀和梯形车刀等。以三角形螺纹车刀应用最广,刀尖要求是 60°。

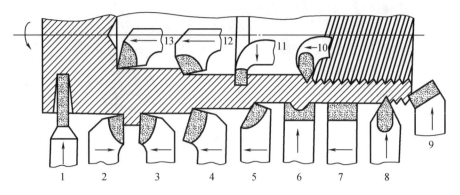

1—切断刀;2—90°左偏刀;3—90°右偏刀;4—45°弯头车刀;5—左刃直头刀;6—成形刀;7—宽刃精车刀;
8—外螺纹车刀;9—端面车刀;10—内螺纹车刀;11—内槽车刀;12—通孔车刀;13—不通孔车刀。

图 7-15 车刀的种类

3. 车刀的安装

车刀的安装必须注意以下几点要求:

(1)车刀的刀尖必须与工件的中心线等高,可用尾座装上顶尖,以顶尖顶点为基准用垫片调整高低,否则前后角均发生变化,如图 7-16 所示。

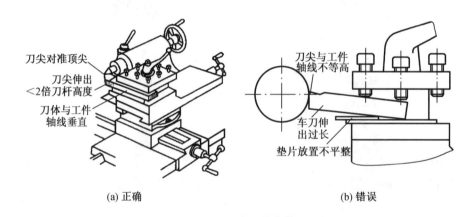

(a) 正确   (b) 错误

图 7-16 车刀的安装

(2)车刀刀杆伸出刀架的长度要适当,在不影响观察的前提下应尽量短,否则易引起振动;以外圆车刀为例,刀杆伸出的长度为刀杆厚度的 1~2 倍。

(3)车刀刀杆的对称线应与工件的中心线垂直,否则主、副偏角均发生变化。

(4)刀杆下的垫片应平整稳定,并尽量减少垫片叠加数目,从而减少安装误差。

(5)车刀至少要用两个螺钉压紧在刀架上,并交替逐个拧紧。

7.3 车床基本操作

7.3.1 车床操作步骤

车床操作主要包括以下几个步骤。

1. 选择和安装车刀

根据零件的加工表面和材料,将选好的车刀按照前面的方法牢固地装夹在刀架上。

2. 安装工件

根据工件的类型,选择前面介绍的机床附件,采用合理的装夹方法,稳固夹紧工件。

3. 开车对刀

首先启动车床,使刀具与旋转工件的最外点接触,以此作为调整背吃刀量的起点,然后向右退出刀具。

4. 试切加工

对需要试切的工件,进行试切加工。若不需要试切加工,可用横刀架刻度盘直接进给到预定的切削深度。

5. 切削加工

根据零件的要求,合理确定进给次数,进行切削加工,加工完成后进行测量检验,以确保零件的质量。

7.3.2 刻度盘及手柄的使用

在切削工件时,为了准确和迅速地掌握切削深度,通常用中滑板或小滑板的刻度盘作为进刀的参考依据。

中滑板的刻度盘紧固在丝杠轴头上,通过丝杠螺母紧固在一起,当中滑板手柄带着刻度盘转一周时,丝杠也转动一周,这样螺母带动中滑板移动一个螺距。因此,中滑板的移动距离可根据刻度盘上的格数来计算。

刻度盘每转一格中滑板带动刀架横向移动距离 = 丝杠螺距 ÷ 刻度盘格数

例如,CA6140 型车床横向丝杠螺距为 12 mm,刻度盘共 300 格,故刻度盘每转一格,中滑板移动的距离为 12 mm ÷ 300 = 0.04 mm,径向背吃刀量为 0.04 mm,而工件的直径将减少 0.08 mm。

使用刻度盘时,由于丝杠和螺母之间存在间隙,会产生空行程,使用时必须慢慢调整刻度盘,如果刻度盘手柄转过了头,或试切时发现尺寸不对需退刀时,刻度盘不能直接退到所需要的刻度,应按图 7 - 17 所示的方法调整。

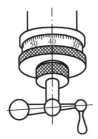
(a) 要求手柄转至 30,
但摇过头成 40

(b) 错误:直接退至 30

(c) 正确:反转约一圈后,
再转至所需位置 30

图 7 - 17 手柄摇过头后的纠正方法

7.3.3 粗车与精车

在加工工件时,根据图纸要求,工件的加工余量需要经过几次走刀才能切除,为了提高生产率,保证工件尺寸精度和表面粗糙度,可把车削加工分为粗车和精车。这样可以根据不同阶段的加工,合理选择切削参数。两者加工特点如表7-1所示。有时根据需要在粗车和精车之间再加一个半精车,其车削参数介于两者之间。

表7-1 粗车与精车加工特点

	粗车	精车
目的	尽快从毛坯料上切去大部分加工余量,使之接近最终形状和尺寸,提高生产率	切除粗车后的精车余量,保证零件的加工精度和表面粗糙度
加工质量	尺寸精度低:IT11～IT14 表面粗糙度值偏高,Ra值可达$6.3 \sim 12.5 \mu m$	尺寸精度较高:IT6～IT8 表面粗糙度值较低,Ra值可达$0.8 \sim 1.6 \mu m$
背吃刀量	较大,1～3 mm	较小,0.3～0.5 mm
进给量	较大,0.3～1.5 mm/r	较小,0.1～0.3 mm/r
切削速度	中等或偏低的速度	一般取高速
刀具要求	切削部分有较高的强度	切削刃锋利、光洁

7.3.4 试切的方法及步骤

试切是精车的关键,工件安装好后,需根据工件的加工余量,确定走刀次数和背吃刀量。由于刻度盘和丝杠都有误差,精车和半精车时,为了准确定出背吃刀量,保证工件加工的尺寸精度,仅靠刻度盘进刀是不行的,需要采用图7-18所示的方法和步骤。

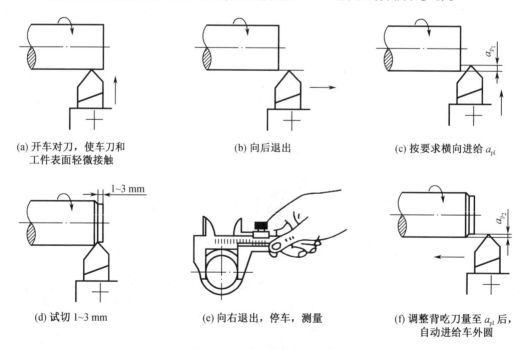

(a) 开车对刀,使车刀和工件表面轻微接触 (b) 向后退出 (c) 按要求横向进给 a_{p_1}

(d) 试切 1~3 mm (e) 向右退出,停车,测量 (f) 调整背吃刀量至 a_{p_1} 后,自动进给车外圆

图7-18 试切的方法和步骤

7.4 基本车削加工

7.4.1 车外圆、端面和台阶

1. 车外圆

将工件车削成圆柱形外表面的方法称为车外圆。外圆车削是一个基础,绝大多数工件都有这道工序,车外圆时常见的方法有下列几种:

(1) 75°直头刀,强度较好,适用于粗车外圆,如图 7-19(a)所示。

(2) 45°弯头刀,适用于车削不带台阶的光滑轴,如图 7-19(b)所示。

(3) 主偏角为 90°的偏刀,适用于车削细长轴工件,如图 7-19(c)所示。

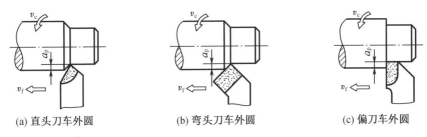

(a) 直头刀车外圆　　(b) 弯头刀车外圆　　(c) 偏刀车外圆

图 7-19　试切的方法和步骤

2. 车端面

圆柱体两端的平面叫端面,对工件端面进行车削的方法称为车端面。车端面时常用端面车刀,当刀具旋转时,移动床鞍(或小滑板)控制吃刀具,中滑板横向进给便可进行车削。

(1) 利用偏刀的副切削刃横向进给切削,容易引起扎刀现象,故背吃刀量不宜过大,如图 7-20(a)所示。

(2) 利用左偏刀的主切削刃横向进给切削,切削力小,吃刀量可大些,如图 7-20(b)所示。

(3) 利用偏刀的主切削刃横向退刀切削,车刀的接触面积大,故吃刀量不易过大,但可提高工件质量,提高刀具寿命,如图 7-20(c)所示。

(4) 利用弯头刀横向进给车削,工件所受轴向力和径向力均相等,故不产生扎刀现象,吃刀量可大些,适合车削脆性材料,如图 7-20(d)所示。

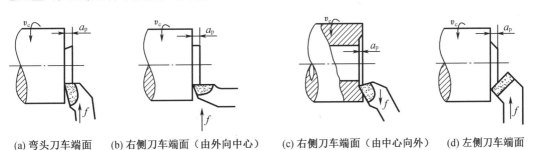

(a) 弯头刀车端面　(b) 右侧刀车端面(由外向中心)　(c) 右侧刀车端面(由中心向外)　(d) 左侧刀车端面

图 7-20　车端面

3. 车台阶

直径不同的两个圆柱体的连接部分叫作台阶。车削台阶外圆和端面的方法叫车台阶。较低的台阶面可用偏刀在车外圆时一次进给同时车出,车刀的主切削刃要垂直于工件的轴线,如图 7-21(a)所示。台阶高度大于 5 mm 的,常用主偏角大于 90°的偏刀,采用分层法多次进给,但最后一刀必须横向退刀车削完成,以防台阶面偏斜,如图 7-21(b)所示。

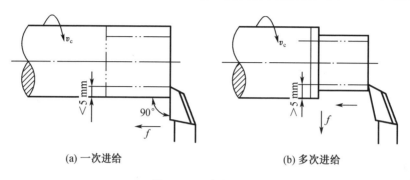

(a) 一次进给　　　　　　(b) 多次进给

图 7-21　车台阶面

7.4.2　切槽和切断

1. 切槽

在工件表面车削沟槽的方法称为切槽。沟槽根据其在零件上的位置可分为外槽、内槽与端面槽。切槽如图 7-22 所示。

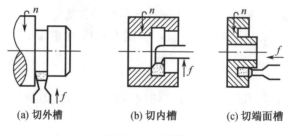

(a) 切外槽　　　(b) 切内槽　　　(c) 切端面槽

图 7-22　切槽

轴上的外槽和孔的内槽多属于工艺槽,如车螺纹时的退刀槽,磨削时砂轮的越程槽。此外有些沟槽,或是装上零件作定位、密封之用,或是作为油、气的通道及贮存油脂作润滑之用等。

对于宽度小于 5 mm 的窄槽,可用主切削刃与槽等宽的切槽刀一次切出;切削宽度大于 5 mm 的宽槽时,需要进行多次进退刀切削,如图 7-23 所示。

2. 切断

把坯料或工件从夹持端上分离下来的车削方法称为切断。切断直径小于主轴孔的棒料时,可把棒料插在主轴孔中,并用卡盘夹住,切断刀离卡盘的距离应小于工件直径,否则容易引起振动或将工件抬起来而损坏车刀,如图 7-24 所示。

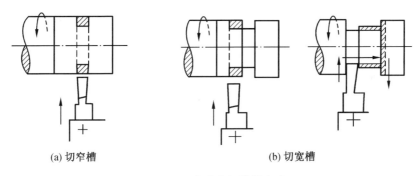

(a) 切窄槽　　　　　　　　　　(b) 切宽槽

图 7-23　车床上切槽的方法

切断刀必须正确装夹,刀尖过高或过低,切断处都会留下凸起部分,如图 7-25 所示。切断时应降低切削速度,切削时用手缓慢而均匀地进给,切钢料时须加冷却液,即将切断时,进给速度更要慢,以免刀头折断。

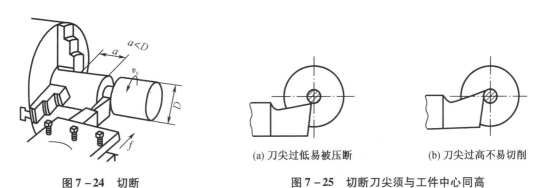

图 7-24　切断　　　　　　　图 7-25　切断刀尖须与工件中心同高

7.4.3　车圆锥面

车圆锥的方法很多,主要有以下几种:宽刃车削法、小滑板转位法、偏移尾座法、靠模法等。除宽刃车削法外,其他几种车圆锥的方法,都是使刀具的运动轨迹与工件轴线相交成圆锥半角 $\alpha/2$,操作后即可加工出所需的圆锥体。

1. 宽刃车削法

把车刀主切削刃(或副切削刃)磨成和工件锥体素线相同的角度,或装车刀时使刀体倾斜一角度即可直接加工出锥体的方法称宽刃车削法,如图 7-26 所示。此方法适合锥面短(一般锥面长度小于 5 mm)的内、外锥体。

2. 小滑板转位法

根据工件的锥度 C 或圆锥半角 $\alpha/2$,将小滑板转过 $\alpha/2$ 角并将其紧固,然后连续、匀速摇动小滑板进给手柄,使车刀沿圆锥面的素线移动即可车出所需的锥面,如图 7-27 所示。此方法适合锥体长度 100 mm 以内的内、外圆锥。

3. 偏移尾座法

偏移尾座法是根据工件的锥度 C 或圆锥半角 $\alpha/2$,将尾座顶尖偏移一个距离 M,使工件旋转轴线与车床主轴轴线的交角等于圆锥半角 $\alpha/2$,然后车刀纵向机动进给,即可车出所需的锥面,如图 7-28 所示。此方法适合圆锥角 <16° 的长外锥体工件。

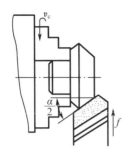
图 7-26 宽刃车削法

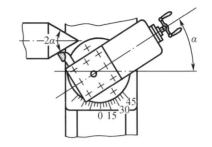
图 7-27 小滑板转位法

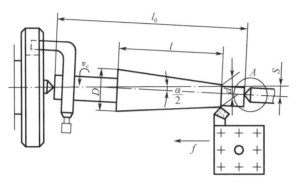
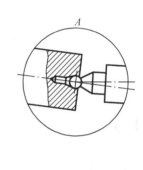

图 7-28 偏移尾座法

4. 靠模法

车床加装靠模尺，用自动纵向进给，靠模尺可控制车刀做斜线运动而车出锥体。靠模尺上有锥度尺，可根据工件的锥度调整出合适角度来加工锥体，如图 7-29 所示。此方法适合加工批量大、圆锥角 <15° 的内、外锥体工件。

7.4.4 钻孔与镗孔

在车床上加工圆柱孔时，可以用钻头、扩孔钻、铰刀和镗刀进行孔加工。

1. 钻孔、扩孔和铰孔

在实体材料上加工出孔的工作称为钻孔，钻孔的精度较低、表面粗糙，多用于对孔的粗加工，在车床上钻孔，如图 7-30 所示。

把工件装夹在卡盘上，钻头安装在尾座套筒锥孔内，钻孔前先车平端

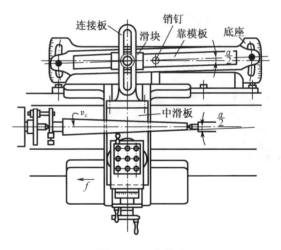

图 7-29 靠模法

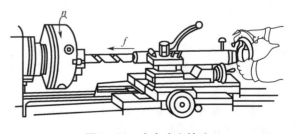

图 7-30 在车床上钻孔

面,调整好尾座位置后,摇动尾座手柄使钻头慢慢进给,注意经常退出钻头,排出切屑。

钻钢料时要不断注入切削液,一般钻头越小,进给量也越小,但切削速度可加大;钻大孔时,进给量可大些,但切削速度应放慢。当孔将要钻穿时,因横刃不参加切削,应减小进给量,否则容易损坏钻头。

扩孔常用于铰孔前或磨孔前的预加工,常使用扩孔钻作为钻孔后的半精加工。为了提高孔的精度和减小表面粗糙度值,常用铰刀对钻孔或扩孔后的工件再进行精加工。在车床上加工直径较小,而精度要求较高和表面粗糙度要求较小的孔,通常采用钻、扩、铰的加工工艺来进行。

2. 镗孔

镗孔是对钻出、铸出或锻出的孔的进一步加工,如图 7-31 所示,以达到图样上精度等技术要求。在车床上镗孔要比车外圆困难,由于镗杆直径比外圆车刀小得多,而且伸出很长,往往因刀杆刚性不足而引起振动,因此背吃刀量和进给量都要比车外圆时小些,切削速度也要小 10% ~ 20%。镗不通孔时,由于排屑困难,因此进给量应更小些。

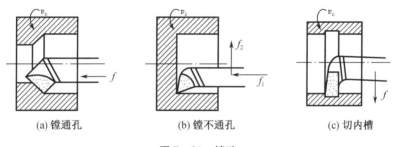

图 7-31 镗孔

镗孔刀尽可能选择粗壮的刀杆,刀杆装在刀架上时伸出的长度只要略等于孔的深度即可,这样可减小因刀杆太细而引起的振动。粗镗和精镗时,应采用试切法调整背吃刀量。为了防止因刀杆细长而造成的锥度,当孔径接近最后尺寸时,应用很小的背吃刀量重复镗削几次,消除锥度。另外,在镗孔时一定要注意,手柄转动方向与车外圆时相反。

7.4.5 车削螺纹

在机械制造业中,带螺纹的零件应用很广泛。例如,车床的主轴与卡盘的连接、方刀架上螺钉对刀具的紧固、丝杠与螺母的传动等。螺纹的种类,按标准分有公制螺纹与英制螺纹等,按牙形分有三角形螺纹、梯形螺纹、矩形螺纹等。其中以普通三角螺纹应用最广。

1. 螺纹车刀及安装

如图 7-32 所示,螺纹截面形状的精度取决于螺纹车刀刃磨后的形状及其在车床上安装的位置是否正确。为了获得准确的螺纹截面形状,螺纹车刀的刀尖角 ε_γ,必须与螺纹牙形角 α(公制三角形螺纹 $\alpha = 60°$)相等,车刀刃磨时按样板刃磨,刃磨后用油石修光。为了保证螺纹车刀刀尖角不变,车刀前角 $\gamma_0 = 0°$。粗车或精度要求较低的螺纹,常带有 5° ~ 15° 的正前角,以使切削轻快。

安装螺纹车刀时,车刀刀尖必须与工件中心线等高。调整时,用对刀样板进行车刀的对正,如图 7-33 所示,保证刀尖角的等分线严格垂直于工件的轴线。

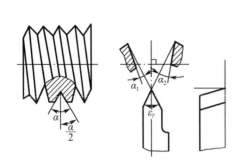
图 7-32 三角形螺纹车刀

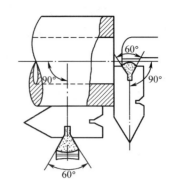
图 7-33 用对刀样板调整螺纹车刀

2. 车床的调整

车螺纹时,必须满足的运动关系是,工件每转过一周时,车刀必须准确地移动一个工件的螺距或导程(单线螺纹为螺距,多线螺纹为导程),其传动路线如图 7-34 所示。上述传动关系可通过调整车床来实现,即首先通过手柄把丝杠接通,再根据工件的螺距或导程,按进给箱铭牌上标识的手柄位置来变换齿轮(挂轮)的齿数及各进给变速手柄的位置,这样就完成了车床的调整。

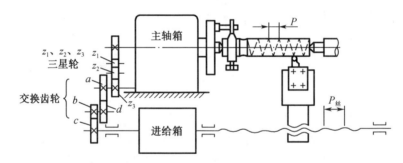

$P_{丝}$—丝杠的导程;P—工件的导程;$z_1 \sim z_3$—三星轮。

图 7-34 车床传动路线

3. 车螺纹操作步骤

以外螺纹为例,车螺纹的操作步骤如下:

(1)开车,使车刀与工件轻微接触,记下刻度盘读数,向右退出车刀,如图 7-35(a)所示。

(2)合上开合螺母,在工件表面上车出一条螺旋线,横向退出车刀,停车,如图 7-35(b)所示。

(3)开反车使车刀退到工件右端,停车,用螺纹环规检查螺距是否正确,如图 7-35(c)所示。

(4)利用刻度盘调整背吃刀量,开车切削,如图 7-35(d)所示。

(5)车刀将至行程终了时,应做好退刀停车准备,先快速退出车刀,然后停车,开反车退回刀架,如图 7-35(e)所示。

(6)再次横向进背吃刀量,继续切削,其切削过程的路线如图 7-35(f)所示。

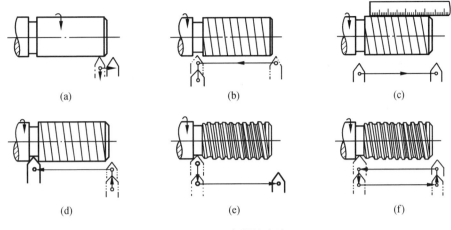

图 7-35 车螺纹方法

4. 螺纹的测量

螺纹的测量主要是测量螺距、牙形角和螺纹中径。由于螺距是由车床的运动关系来保证的,因此用金属直尺测量即可。牙形角是由车刀的刀尖角以及正确的安装方法来保证的,一般用样板测量,也可用螺距规同时测量螺距和牙形角。螺纹中径用螺纹中径千分尺或三针测量法测量,如图 7-36 所示。

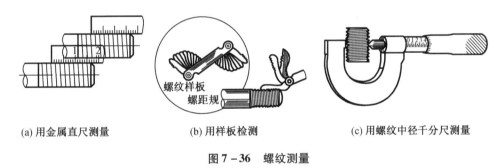

(a) 用金属直尺测量　　(b) 用样板检测　　(c) 用螺纹中径千分尺测量

图 7-36 螺纹测量

在大批量生产中,多采用如图 7-37 所示的螺纹量规进行综合测量,它由通规和止规两件组成一副,螺纹工件只有在通规通过、止规不能通过时为合格。

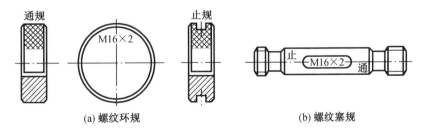

(a) 螺纹环规　　　　　　(b) 螺纹塞规

图 7-37 螺纹量规

7.4.6 车成形面和滚花

1. 车成形面

在车床上可以车削各种以曲线为母线的回转体表面,如手柄、手轮、圆形的表面等,这些带有曲线轮廓的表面叫成形面。在车床上加工成形面的方法通常有以下三种。

(1) 双手控制法

这种方法是利用双手同时摇动中滑板和小滑板的手柄,尽量使刀尖所走的轨迹与所需成形面的曲线相符,以加工出所需零件。双手控制法简单易行,但生产率及精度都较低,精度等级取决于操作者的水平。该方法仅适用于单件生产及精度要求不高的场合,如图7-38所示。

(2) 成形车刀法

这种方法是利用切削刃形状与形成面轮廓形状相吻合的成形车刀来加工成形面。这种加工,车刀只做横向进给,操作方便,生产率高,精度主要取决于车刀的刃磨质量。但车刀与工件的接触面大,易引起振动,且产生的热量高,要有良好的冷却润滑条件。该方法刀具制造成本高,仅适用于大批量生产,如图7-39所示。

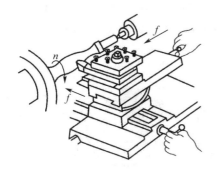
图7-38 双手控制法车成形面

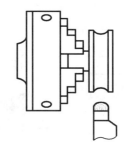
图7-39 成形车刀法车成形面

(3) 靠模法

这种方法的原理和靠模法车削圆锥面是一样的。在加工时把滑板换成滚柱,把锥度模板换式带有所需曲线的靠模板即可。这种方法加工质量好,生产率也高,广泛应用于批量生产中,如图7-40所示。

2. 滚花

滚花前,先将工件直径车到所需尺寸略小0.5 mm左右,车床转速选取为200~300 r/min,然后将滚花刀的表面与工件表面平行接触,保持两中心线一致。当滚花刀形如接触工件时,须用较大的压力,等吃到一定深度后,再进行纵向自动进给,这样表面滚压1~2次,直到花纹滚好为止。

此外,由于滚花时压力大,因此工件和滚花刀必须装夹牢固,工件不可伸出太长,如果工件太长,就要用后顶尖顶紧,如图7-41所示。

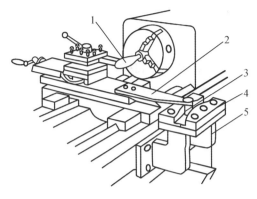
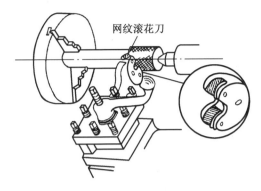

1—工件;2—拉杆;3—滚柱;4—靠模板;5—支架。

图 7-40　靠模法车成形面

图 7-41　滚花

7.5　车削加工实习安全技术

车削加工实习中要特别注意下列安全事项及操作规程:

(1)工作前须穿好工作服(或军训服),扣好衣袖口,衬衫要扎入裤腰内。上衣的扣子扣好,长发者必须戴好工作帽,并将头发纳入帽内。严禁戴手套操作车床。

(2)工作前要认真查看机床有无异常,在规定的加油部位加注润滑油。检查无误后起动机床试运转,再查看油窗是否有油液喷出,油路是否通畅,试运转时间一般为 2~5 min,夏季可略短些,冬季可略长些。

(3)刀具装夹要牢靠,刀头伸出部分不应超出刀体高度的 1.5 倍,垫片的形状尺寸应与刀体形状尺寸相一致。垫片应尽量的少且平。

(4)主轴变速时必须停车,严禁在运转中变速。变速手柄必须到位,以防松动脱位。

(5)操作中必须精力集中,要注意纵、横行程的极限位置,机床在进给运行中不得擅离机床或东张西望和其他人员说话,不允许坐在凳子上操作,不得委托他人看管机床。

(6)运行中的机床,不得用手摸转动的工件,不得用棉纱等物擦拭工件或用量具测量工件。

(7)停车后再测量工件,并将刀架移动到安全位置(远离卡盘)。

(8)工作时,不得将身体和手脚依靠或放在机床上,不要站在切屑飞出的方向,不要将头部靠近工件,以免受伤。

(9)清除切屑必须用铁钩和毛刷,严禁用手清除或用嘴吹除。

(10)中途停车,在惯性运转中的工件不得用手强行制动。

(11)在实习中统一安排的休息时间里,不准私自开动机床,也不得随意开动其他机床和扳动机床手柄,不得随意触摸他人已调整好的工件、夹具和量具。

(12)工作结束后应切断电源。下班前,必须认真清扫机床,在各外露导轨面上加防锈油,并把刀架、尾座移至床尾。

(13)打扫工作场地,将切屑倒入规定地点。

(14)认真清理所用的工件、夹具、刀具、量具,整齐有序地摆入工具箱柜中以防丢失。

训练项目实例

1. 锤柄

图 7-42 所示为锤柄图纸,坯料为 Q235 钢 $\phi20$ mm × 202 mm 圆棒料。

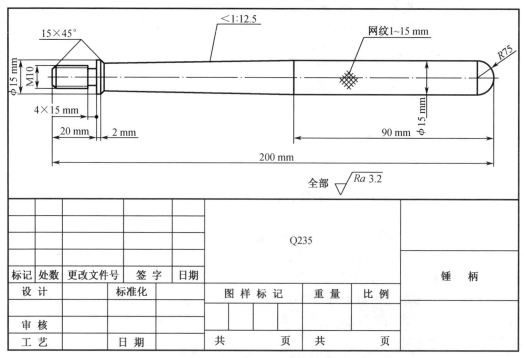

图 7-42 锤柄图纸

2. 锤柄加工工艺过程(表 7-2)

表 7-2 锤柄车工加工工艺过程

工序	工步	装夹方法	刀具、工具	切削参数	注意事项
1	车平端面	自定心卡盘伸出 35~40 mm	外圆刀或端面刀	$n=570$ r/min $a_p=1$ mm $f=0.2$ mm/r	慢摇手轮、喷切削液
	钻中心孔		$\phi3$ 中心钻		
2	车外圆 $\phi15$ mm	一夹一顶	外圆刀或端面刀	$n=570$ r/min $a_p=0.5$ mm $f=0.2$ mm/r	试切车外圆 $\phi10$ mm 分 3 次进给,保证 $\phi0.20$ ~10 mm
	车外圆 $\phi10$ mm				
	滚花		双轮网纹滚花刀	$n=52$ r/min $f=0.5$ mm/r	喷切削液、反进给
	车圆锥		外圆刀或端面刀	$n=570$ r/min	小刀架转 1.2°,双手连续、匀速,分 2~3 次进给
	倒角		外圆刀或端面刀	$n=570$ r/min	C1
	切槽		切槽刀	$n=200$ r/min	手动,槽宽 3 mm,深 1 mm
	加工螺纹		M10 板牙及架	$n=37$ r/min	找正、喷切削液
3	车平端面	自定心卡盘	外圆刀或端面刀	$n=570$ r/min $f=0.2$ mm/r	保证全长 200 mm
	车圆弧				R7.5

复习思考题

1. 卧式车床由哪些部分组成,各部分有何作用?
2. 车床上常用的刀具有哪些,分别可以加工哪些表面?
3. 车床上安装工件的方法有哪些,各适用于加工哪些种类的零件?
4. 阶梯轴上的几个退刀槽宽度一般为什么相同?退刀槽的作用是什么?
5. 车床上钻孔和钻床上钻孔有什么不同?在车床上如何钻孔?

第 8 章 铣削加工

8.1 概 述

在铣床上用铣刀对工件进行切削加工的方法称为铣削加工。铣削加工的范围很广,可加工平面、台阶、斜面、沟槽、成形面、齿轮以及切断等。图 8-1 所示为铣削加工的应用示例。在切削加工中,铣床的工作量仅次于车床,在成批大量生产中,除加工狭长的平面外,铣削几乎代替刨削。

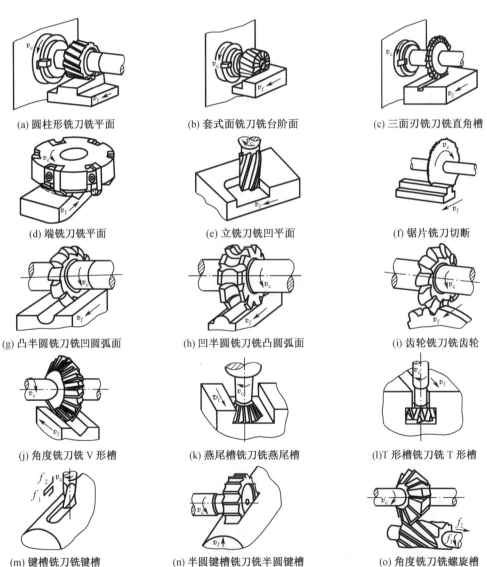

(a) 圆柱形铣刀铣平面　　(b) 套式面铣刀铣台阶面　　(c) 三面刃铣刀铣直角槽

(d) 端铣刀铣平面　　(e) 立铣刀铣凹平面　　(f) 锯片铣刀切断

(g) 凸半圆铣刀铣凹圆弧面　　(h) 凹半圆铣刀铣凸圆弧面　　(i) 齿轮铣刀铣齿轮

(j) 角度铣刀铣 V 形槽　　(k) 燕尾槽铣刀铣燕尾槽　　(l) T 形槽铣刀铣 T 形槽

(m) 键槽铣刀铣键槽　　(n) 半圆键槽铣刀铣半圆键槽　　(o) 角度铣刀铣螺旋槽

v_c—切削速度;v_f—进给速度;f_1—径向进给量;f_2—轴向进给量。

图 8-1　铣削加工的应用示例

铣削加工的公差等级为 IT7~IT8,表面粗糙度 Ra 为 1.6~3.2 μm。若以高的切削速度、小的背吃刀量对非铁金属进行精铣,则表面粗糙度 Ra 值可达 0.4 μm。

铣削加工的特点:

(1)生产效率高但不稳定。由于铣削属于多刃切削,且可选用较大的切削速度,所以铣削的生产效率高。但由于多种因素易导致刀齿负荷不均匀,磨损不一致,从而引起机床的振动,造成切削不稳,直接影响工件的表面粗糙度。

(2)断续切削。铣刀刀齿切入或切出时产生冲击,一方面使刀具的寿命下降,另一方面引起周期性的冲击和振动。但由于刀齿间断切削,工作时间短,在空气中冷却时间长,因此散热条件好,有利于提高铣刀的寿命。

(3)半封闭切削。由于铣刀是多齿刀具,刀齿之间的空间有限,若切屑不能顺利排出或没有足够的容屑槽,则会影响铣削质量或造成铣刀的破损,因此选择铣刀时要把容屑槽作为一个重要的考虑因素。

8.2 铣工基础知识

8.2.1 铣床

铣床的种类很多,常用的有卧式铣床、立式铣床、龙门铣床、数控铣床及铣镗加工中心等。

1. 万能卧式铣床

万能卧式升降台铣床简称为卧式铣床,是铣床中应用最广的一种,主要特征是主轴水平,与工作台面平行,图 8-2 所示为 X6132 万能卧式升降台铣床。在型号中,"X"为机床类别代号,表示铣床,读作"铣";"6"为机床组别代号,表示卧式升降台铣床;"1"为机床系列代号,表示万能升降台铣床;"32"为主参数工作台面宽度的 1/10,即工作台面宽度为 320 mm。万能卧式升降台铣床的主要组成部分和作用如下。

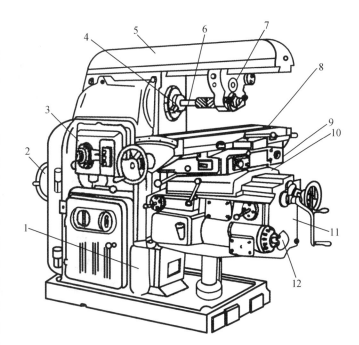

1—床身;2—电动机;3—变速机构;4—主轴;5—横梁;
6—刀杆;7—刀杆支架;8—纵向工作台;9—转台;
10—横向工作台;11—升降台;12—进给变速机构。
图 8-2 X6132 万能卧式升降台铣床

(1)床身

床身是用来固定和支承铣床上所有的部件的。电动机、主轴及主轴变速机构等安装在它的内部。

(2)横梁

横梁的上面安装有吊架,用来支承刀杆外伸的一端,以加强刀杆的刚性。横梁可沿床身的水平导轨移动,以调整其伸出的长度。

(3) 主轴

主轴是空心轴,前端有锥度为 7∶24 的精密锥孔,其用途是安装铣刀刀杆并带动铣刀旋转。

(4) 纵向工作台

纵向工作台在转台的导轨上作纵向移动,带动台面上的工件作纵向进给。

(5) 横向工作台

横向工作台位于升降台上面的水平导轨上,带动纵向工作台一起作横向进给。

(6) 转台

转台的作用是能将纵向工作台在水平面内扳转一定的角度,以便铣削螺旋槽。

(7) 升降台

升降台可以使整个工作台沿床身的垂直导轨上下移动,以调整工作台面到铣刀的距离,并作垂直进给。

(8) 进给变速操作

调整进给量,使转盘上选定的数值对准箭头,按"启动"按钮,使主轴旋转,再扳动自动进给操纵手柄,工作台就按要求的进给速度作自动进给运动。

2. 立式升降台铣床

立式升降台铣床简称立式铣床,X5032 型铣床如图 8-3 如示。立式铣床与卧式铣床的主要区别是立式铣床主轴与工作台面垂直,此外它没有横梁、吊架和转台。根据工作需要,立式升降台铣床的头架可以左右旋转一定角度,铣削时铣刀安装在主轴上,由主轴带动做旋转运动,工作台带动工件作纵向、横向和垂直移动。

立式升降台铣床主要适于单件、小批量或成批生产,用于加工平面、台阶面、沟槽等,配备附件可以铣削齿条、齿轮、花键、圆弧面、圆弧槽和螺旋槽等,还可进行钻削、镗削加工。

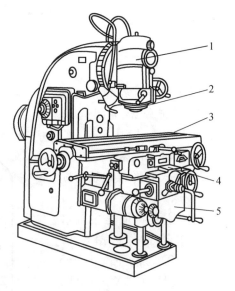

1—立铣头;2—主轴;3—工作台;
4—床鞍;5—升降台。

图 8-3　X5032 型升降台铣床

8.2.2　铣刀及其安装

1. 铣刀

铣刀的种类很多,按其安装方法可分为带孔铣刀和带柄铣刀两大类。如图 8-4 所示,采用孔装夹的铣刀称为带孔铣刀,一般用于卧式铣床;如图 8-5 所示,采用手柄部装夹的铣刀称为带柄铣刀,多用于立式铣床。

(1) 带孔铣刀

常用的带孔铣刀有圆柱铣刀、圆盘铣刀、角度铣刀、成形铣刀等。带孔铣刀的刀齿形状和尺寸可以适应所加工零件的形状和尺寸。

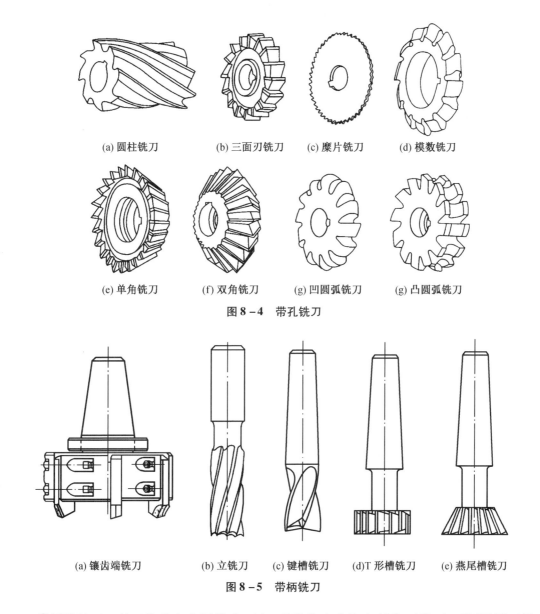

(a) 圆柱铣刀　(b) 三面刃铣刀　(c) 锯片铣刀　(d) 模数铣刀

(e) 单角铣刀　(f) 双角铣刀　(g) 凹圆弧铣刀　(g) 凸圆弧铣刀

图 8-4　带孔铣刀

(a) 镶齿端铣刀　(b) 立铣刀　(c) 键槽铣刀　(d) T形槽铣刀　(e) 燕尾槽铣刀

图 8-5　带柄铣刀

①圆柱铣刀。其刀齿分布在圆柱表面上，通常分为直齿和斜齿两种，主要用圆周刃铣削中小型平面。

②圆盘铣刀。如三面刃铣刀、锯片铣刀等，主要用于加工不同宽度的沟槽及小平面，小台阶面等；锯片铣刀用于铣窄槽或切断材料。

③角度铣刀。具有各种不同的角度，用于加工各种角度槽及斜面等。

④成形铣刀。切削刃呈凸圆弧、凹圆弧、齿槽形等形状，主要用于加工与切削刃形状相对应的成形面。

(2) 带柄铣刀

常用的带柄铣刀有立铣刀、键槽铣刀、T形槽铣刀和镶齿面铣刀等，其共同特点是都有供夹持用的刀柄。

①立铣刀。多用于加工沟槽、小平面、台阶面等。立铣刀有直柄和锥柄两种，直柄立铣

刀的直径较小,一般小于 20 mm;锥柄直径较大,多为镶齿式。

②键槽铣刀。用于加工键槽。

③T 形槽铣刀。用于加工 T 形槽。

④镶齿面铣刀。用于加工较大的平面。刀齿主要分布在刀体端面上,还有部分分布在刀体周边,一般是刀齿上装有硬质合金刀片,可以进行高速铣削,以提高效率。

2.铣刀的安装

(1)带孔铣刀的安装

圆柱铣刀属于带孔铣刀,其安装方法如图 8-6 所示。安装带孔铣刀时,应先按铣刀内孔选择相应刀杆,再将刀杆锥柄塞入主轴锥孔,在刀杆上套入定位套和铣刀,收紧拉杆使刀杆锥面和锥孔紧密配合。

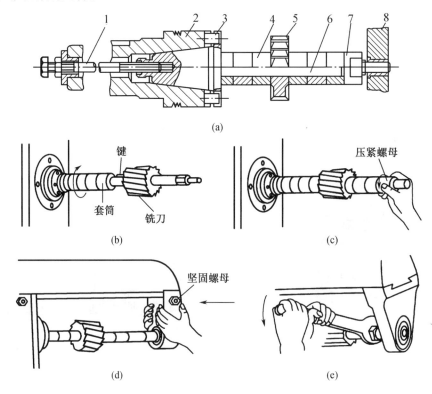

1—拉杆;2—主轴;3—端面键;4—套筒;5—铣刀;6—刀杆;7—螺母;8—吊架。

图 8-6 带孔铣刀的安装

(2)带柄铣刀的安装

①锥柄立铣刀的安装。如图 8-7(a)所示,根据铣刀锥柄的大小,选择合适的变锥套,用拉杆把铣刀及变锥套一起拉紧在主轴上。

②直柄立铣刀的安装。如图 8-7(b)所示,铣刀多为小直径铣刀,一般不超过 20 mm,多用弹簧夹头进行安装。

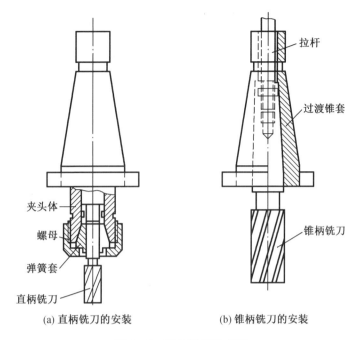

(a) 直柄铣刀的安装　　　　　(b) 锥柄铣刀的安装

图 8-7　带柄铣刀的安装

8.2.3　铣床附件及工件安装

1. 铣床的主要附件

铣床的附件主要有平口钳、万能铣头、回转工作台和分度头等,如图 8-8 所示。

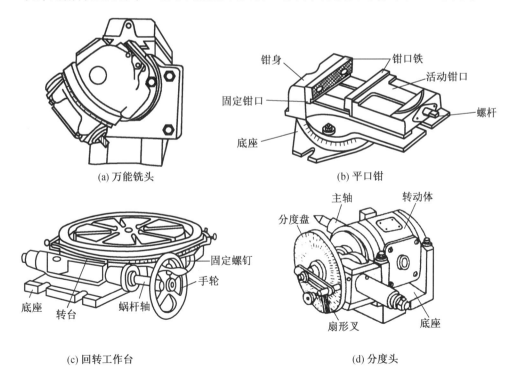

(a) 万能铣头　　　　　　　　(b) 平口钳

(c) 回转工作台　　　　　　　(d) 分度头

图 8-8　常用铣床附件

(1) 万能铣头

万能铣头是一种扩大卧式铣床加工范围的附件,利用它可以在卧式铣床上进行立铣工作。使用时卸下卧式铣床的横梁、刀杆,装上万能铣头,根据加工需要其主轴在空间中可以转成任意角度、方向,如图 8-8(a)所示。

(2) 平口钳

铣床所用平口钳的钳口本身精度及其与底座底面的位置精度均较高,底座下面还有两个定位键,安装时以工作台上的 T 形槽定位。平口钳有固定式和回转式。一般用于装卡中、小型工件,使用时以固定钳口为基准,如图 8-8(b)所示。

(3) 回转工作台

回转工作台通过蜗杆、蜗轮副带动旋转,回转工作台周边有刻度示值,表示其旋转的角度。回转工作台除了能带动安装在它上面的工件旋转外,还可完成对较大工件的分度工作。用它可以加工工件上的圆弧形周边、圆弧形槽、多边形工件,以及加工有分度要求的槽或孔等,如图 8-8(c)所示。

(4) 分度头

分度头是一种用来进行分度的装置,由底座、转动体、分度盘、主轴及顶尖等组成。主轴装在转动体内,并可随转动体在垂直平面内转动成水平、垂直或倾斜位置。例如铣六方、齿轮、花键等工件时,要求工件在铣完一个面或一条槽之后转过一个角度,再铣下一个面或一条槽,这种使工件转过一定角度的工作即称分度。分度时摇动手柄,通过蜗杆、蜗轮带动分度头主轴,再通过主轴带动安装在主轴上的卡盘使工件旋转,如图 8-8(d)所示。

2. 工件的安装

铣削加工时必须把工件装在铣床上,使其定位并夹紧,即进行工件的正确安装。采用不同的铣床附件和铣刀的组合,铣削可以完成多种表面、多种形状的工件加工。

工件装夹方法主要有以下几种:

(1) 直接装夹在铣床工作台上。如图 8-9(a)所示,先在毛坯上划线,划出加工表面的轮廓及位置,装夹时,将划针固定在铣床主轴上,通过工作台移动来确定工件的位置。直接装夹时要利用压板、螺栓、垫铁和工作台的 T 形槽。

(2) 装夹在平口钳中。如图 8-9(b)所示,工件装在平口钳中,用目测或划针校正钳口后加工。如小型板块类、盘套类、轴类和支架类工件,可用平口钳装夹。

(3) 装夹在 V 形铁上。如图 8-9(c)所示,主要加工轴类零件。

(4) 装夹在分度头上,可以实现倾斜位置的铣削。如图 8-9(d)所示。

(5) 装夹在回转工作台上。可利用回转工作台上的定位轴、定位孔和三爪自定心卡盘定位装夹工件。

(6) 装夹在专用夹具上。成批加工的某一零件,采用专用夹具能对工件迅速地装夹而不需找正即可保证工件与机床和刀具的相对位置。

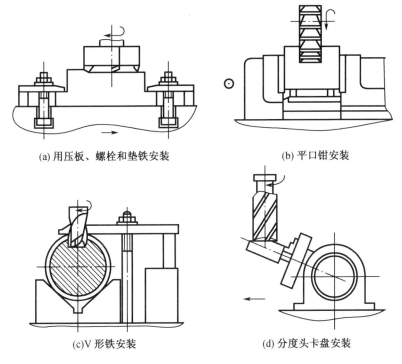

图 8-9 工件的装夹方法

8.3 基本铣削加工

铣床的加工范围很广,常见的铣削加工有铣平面、铣斜面、铣沟槽、铣成形面、钻镗孔以及铣螺旋槽等。

8.3.1 铣平面

1. 用圆柱铣刀铣平面

铣削前先将毛坯测量一下,了解实际加工余量的大小。待工件夹紧后,开动机床,使铣刀对准并刚刚接触工件表面,记下这时刻度数值。然后退出工件,升高工作台至所需的切削深度,就可开始铣削了,如图 8-10(a)所示。

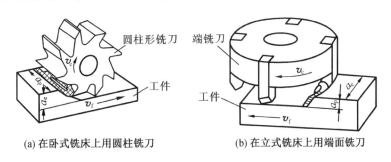

图 8-10 铣削平面

用圆柱铣刀铣削时应注意的问题：

(1) 铣削时有两种走刀方式：一是铣刀的切削方向与走刀方向相同叫"顺铣"；二是铣刀的切削方向与走刀方向相反叫"逆铣"。实际工作中常用的是"逆铣"。

(2) 铣削时先用手动使工作台纵向进给，当工件被稍微切入后，改为自动进给。

(3) 在铣削过程中不能中途停止工作台的进给让铣刀空转，因为当工作台突然停止运动后，刀杆受力减小而下落，加工面上就会被铣出一个凹坑。如果必须停止工作台的纵向进给，则应先降下工作台，使工件脱离铣刀后方可停止进给。

2. 用端铣刀铣平面

目前铣削平面的工作多采用镶齿端铣刀在立式铣床或卧式铣床上进行，如图8-10(b)所示。由于端铣刀铣削时，切削厚度变化小，同时进行切削的刀齿较多，而且刀杆短，刚性好，因此切削较平稳。端铣刀的柱面刃承担着主要的切削工作，端面刃又有刮削作用，因此铣削后的平面表面粗糙度值较小、效率高。

8.3.2 铣斜面

工件上具有斜面的结构很多，铣削斜面的方法也很多，下面介绍常用的几种。

1. 使用倾斜垫铁铣斜面

在零件设计基准的下面垫一块倾斜的垫铁，则铣出的平面成倾斜位置。改变倾斜垫铁的角度，即可加工不同角度的斜面，如图8-11(a)所示。

2. 用万能铣头铣斜面

由于万能铣头能方便地改变刀轴的空间位置，因此我们可以转动铣头以使刀具相对工件倾斜一个角度来铣斜面，如图8-11(b)所示。

3. 用角度铣刀铣斜面

较小的斜面可用合适的角度铣刀加工，如图8-11(c)所示。当加工零件批量较大时，则常采用专用夹具铣斜面。

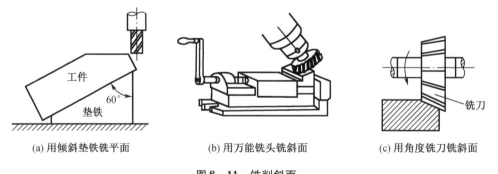

(a) 用倾斜垫铁铣平面　　　(b) 用万能铣头铣斜面　　　(c) 用角度铣刀铣斜面

图8-11　铣削斜面

4. 用分度头铣斜面

在一些圆柱形和特殊形状的零件上加工斜面时，可利用分度头将工件转成所需位置而铣出斜面。

8.3.3 铣沟槽

铣床能加工沟槽的种类很多，如直槽、角度槽、V形槽、T形槽、燕尾槽和键槽等。这里介绍一下键槽及T形槽的加工。

1. 铣键槽

常见的键槽有封闭式和敞开式两种。对于封闭式键槽,单件生产一般是在立式铣床上加工。当批量较大时,则常在键槽铣床上加工。

一般传动轴上都带有键槽,铣削轴上键槽的主要问题是如何保证槽的宽度和对称性(即槽的中心与轴中心线重合)。

在轴上铣键槽,常用平口钳、V形铁或分度头来装夹工件。铣刀与轴对中心的方法为:一是按切痕对中心;二是按轴侧面对刀。

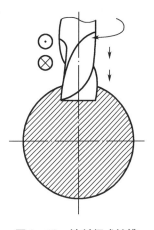

图 8-12 铣封闭式键槽

(1)封闭式键槽的加工,一般是在立式铣床上用键槽铣刀或立铣刀进行铣削,如图8-12所示。用键槽铣刀铣键槽,加工封闭式键槽时应按槽宽优先选用键槽铣刀。键槽铣刀的端齿可以直接向下走刀进行切削(相当于钻削),但进给量应很小,用手动控制。

若用立式铣床刀加工,由于立铣刀中央无切削刃,不能向下进刀。因此必须预先在槽的一端钻一个落刀孔,才能用立铣刀铣键槽。

(2)敞开式键槽可在卧式铣床上进行,一般采用三面刃铣刀加工,如图8-13所示。

2. 铣T形槽

T形槽应用很多,如铣床和刨床的工作台上用来安装紧固螺栓的槽就是T形槽。要加工T形槽,必须首先用立铣刀或三面刃铣刀铣出直角槽,然后在立式铣床上用T形槽铣刀铣削T形槽。但由于T形槽铣刀工作时排屑困难,因此切削用量应选得小些,同时应多加冷却液。最后,再用角度铣刀铣出倒角,如图8-14所示。

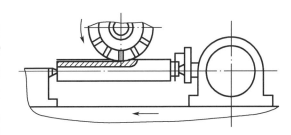

图 8-13 铣敞开式键槽

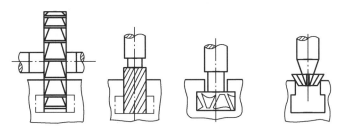

图 8-14 铣T形槽步骤

8.3.4 铣成形面

成形面的形状很多,铣削方法也有多种,如按划线手动进给法、成形铣削法和靠模法等。

1. 按划线手动进给法

加工前先根据所需形状在工件上划线,然后根据所划线的轮廓,用立铣刀加工,用双手控制工件的纵向和横向进给位移来实现。这种方法不需要专用附件,但要求操作者技术熟练。

2. 用成形铣刀铣削法

成形铣刀是专用铣刀,其形状与精度应完全符合加工的需要。因其成本较高,往往在大批量生产中才采用。

8.4 铣削加工实习安全技术

铣削加工实习中要特别注意下列安全事项及操作规程:

(1)工作前,必须穿好工作服(军训服),女生须戴好工作帽,发辫不得外露,在铣削过程中,必须戴防护眼镜。

(2)工作前认真查看机床有无异常,在规定部位加注润滑油和切削液。

(3)开始加工前先安装好刀具,再装夹好工件。装夹必须牢固可靠,严禁用开动机床的动力装夹刀杆、拉杆。

(4)主轴变速必须停车,变速时先打开变速操作手柄,再选择转速,最后以适当的速度将操作手柄复位。

(5)开始铣削加工前,刀具必须离开工件,并应查看铣刀旋转方向与工件相对位置,否则将引起"扎刀"或"打刀"现象。

(6)在加工中,若采用自动进给,必须注意行程的极限位置,必须严密注意铣刀与工件夹具间的相对位置,以防发生过铣、撞击铣夹具而损坏刀具和夹具的现象。

(7)加工中,严禁将多余的工件、夹具、刀具、量具等摆在工作台上,以防碰撞、跌落,引发人身、设备事故。

(8)机床在运行中不得撤离岗位或委托他人看管,不准闲谈、打闹和开玩笑。

(9)两人或多人共同操作一台机床时,必须严格分工,分段操作,严禁同时操作一台机床。

(10)中途停车测量工件,不得用手强行制动惯性转动着的铣刀主轴。

(11)铣削结束之后,工件取出时,应及时去毛刺,防止划伤手指或划伤堆放的其他工件。

(12)发生事故时,应立即切断电源,保护现场,参加事故分析,承担事故应负的责任。

(13)工作结束应认真清扫机床、加油,并将工作台各位置手柄复位。

(14)打扫工作场地,将切屑倒入规定地点。

(15)收拾好所用的工、夹、量具,摆放于指定位置,工件交检。

训练项目实例

1. 长方体工件

选用毛坯为 20 mm × 20 mm × 90 mm 的 45 钢料,铣削四面至尺寸为 $16_{-0.1}^{0}$ mm × $16_{-0.1}^{0}$ mm,保证加工后各表面粗糙度 Ra 为 3.2 μm,各相邻表面相互垂直,相对表面平行。

2. 铣削过程及步骤

（1）工件装夹找正。用平口钳装夹工件，使虎钳底面与工作台紧密贴合，并使固定钳口与工作台进给方向一致。

（2）选择并安装铣刀。选用直径为 150 mm 的镶齿面铣刀。

（3）选择铣削用量。根据表面粗糙度的要求，一次铣去全部余量而达到 Ra 为 3.2 μm 比较困难，因此应采用粗铣和精铣两次完成。

①吃刀深度：粗铣时为 1.5～1.7 mm；精铣时为 0.3～0.5 mm。

②每齿进给量：粗铣时 f = 0.1 mm/z；精铣时 f = 0.03 mm/z。

③铣削速度：由于工件为钢件，因而其铣削速度应为 100～150 m/min。

④试切铣削：在铣平面时，先试铣一刀，然后测量铣削平面与基准面的尺寸和平行度，以及与侧面的垂直度。

复习思考题

1. 铣床型号为 X6132 由哪几个部分组成？各部分的作用是什么？
2. 铣削的主要加工范围是什么？简述加工的主运动和进给运动的方向。
3. 工件在铣床上通常有几种安装方法？
4. 在轴上铣键槽一般先用何种机床和刀具？
5. 常用哪些铣刀来铣平面？具体应用场合有何不同？

第 9 章 刨削加工

9.1 概　　述

在刨床上用刨刀加工工件的方法称作刨削,刨削在单件、小批量生产和修配工作中得到了广泛应用。刨削加工的尺寸精度一般为 IT8～IT9,表面粗糙度 Ra 为 1.6～6.3μm。此外,刨削加工还可保证一定的相互位置精度,如面对面的平行度和垂直度等。刨削主要用于加工各种平面(水平面、垂直面和斜面)、沟槽(直槽、T 形槽、燕尾槽等)和成形面等,如图 9-1 所示为刨削加工的主要应用。

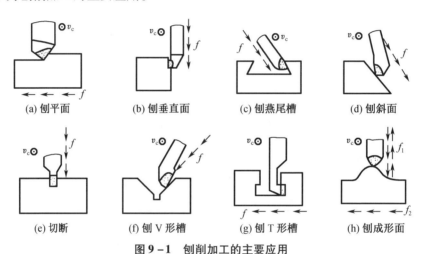

图 9-1　刨削加工的主要应用

刨削加工的特点为:

(1)生产率一般较低。刨削是不连续的切削过程,刀具切入、切出时切削力有突变将引起冲击和振动,限制了刨削速度的提高。此外,单刃刨刀实际参与切削的长度有限,一个表面往往要经过多次行程才能加工出来,刨刀返回行程时不进行工作。故刨削加工生产率一般低于铣削加工。

(2)刨削加工通用性好、适应性强。刨床结构较车床、铣床等简单,调整和操作方便;刨刀形状简单,和车刀相似,制造、刃磨和安装都较方便;刨削时一般不需加切削液。

9.2　刨工基础知识

9.2.1　刨床

1. 牛头刨床的组成

牛头刨床主要由床身、滑枕、摇臂机构、变速机构、刀架、工作台、横梁和进给机构等组成,如图 9-2 所示。

第9章 刨削加工

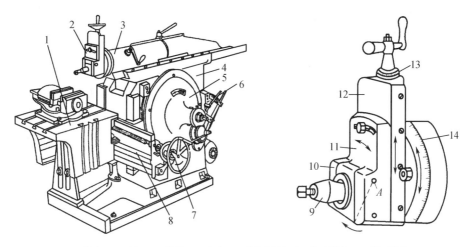

1—工作台;2—刀架;3—滑枕;4—床身;5—摆杆机构;6—变速机构;7—进刀机构;
8—横梁;9—刀夹;10—抬刀板;11—刀座;12—滑板;13—刻度盘;14—转盘。

图 9 – 2　牛头刨床外形图

(1)床身安装在底座上,用来安装和支承机床部件。
(2)摇臂机构是把电动机的旋转运动变为滑枕带动刨刀的往复直线运动(主运动)。
(3)工作台用来安装工件,通过棘轮进给机构,刨刀每次退回后,工作台在水平方向作自动间歇进给运动。
(4)刀架用于装夹刨刀,使刨刀作垂直(斜向)间歇进给或调整切削深度。
此外,工作台的垂直升降和横向水平移动,都可手动调节。

2. 牛头刨床的调整
(1)主运动的调整
①调整滑枕行程长度。刨削时的主运动根据工件尺寸大小和加工要求进行调整,调整时使滑枕行程长度略大于工件加工表面的刨削长度。它是通过改变滑块在大齿轮上的径向位置来实现行程长度的调节的。
②滑枕起始位置调整。滑枕起始位置应和工作台上工件的装夹位置相适应。其调整方法是松开锁紧手柄,转动手柄改变滑枕位置,使刨刀在加工表面的相应长度范围内往复运动。调整完毕,再拧紧锁紧手柄。
③滑枕速度的调整。通过变速机构调整两组滑动齿轮的啮合关系,速度相应改变。
(2)进给运动的调整
刨削时,应根据工件的加工要求调整进给量和进给方向。
①横向进给量的调整。进给量是指滑枕往复一次时工作台的水平移动量。进给量的大小取决于滑枕往复一次时棘爪能拨动的棘轮齿数。可通过改变棘爪实际拨动(拨过)的棘轮齿数,即可调整横向进给量的大小。
②横向进给方向的变换。进给方向即工作台水平移动方向,将棘轮爪转动180°,使棘轮爪的斜面与原来反向,棘轮爪拨动棘轮的方向相反,使工作台移动换向。

9.2.2　刨刀的特点及其安装

刨刀的几何参数与车刀相似,但刀杆的横截面积比车刀大,以承受较大的冲击力。刨刀刀杆常制作成弯头,这是因为刨刀受力后弯曲时,刀尖绕支点划成圆弧,能使刨刀从已加工表面上提起来,防止损坏已加工表面或刀头折断。

1. 常见刨刀的种类

刨刀的形状和种类依加工表面形状不同而有所不同,常用刨刀种类如图9-3所示。平面刨刀用于加工水平面;偏刀用于加工垂直面、台阶面和斜面;角度偏刀用于加工角度和燕尾槽;切刀用以切断或刨沟槽;弯切刀用以加工T形槽及侧面上的槽。

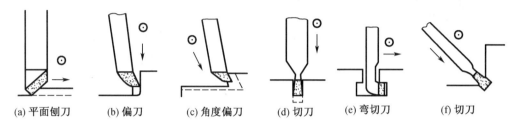

图9-3 常见刨刀的种类

2. 刨刀的安装和调整

刨刀安装正确与否直接影响工件加工质量的好坏。安装时将转盘对准零线,以便准确控制背吃刀量,刀架下端与转盘底部基本对齐,以增加刀架的刚度。直刨刀的伸出长度一般为刀杆厚度H的1.5~2倍,如图9-4所示。

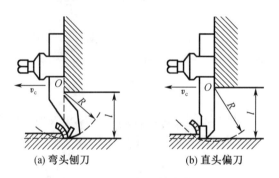

图9-4 刨刀的安装

9.3 基本刨削加工

刨削加工时,应根据工件的形状和尺寸来选择机床和考虑工件的装夹方法。较小的工件可用平口钳装夹在工作台上;较大的工件可用压板、螺栓及挡块直接装夹在工作台上,大型工件则应安装在龙门刨床上加工。

9.3.1 刨平面

1. 刨水平面

粗刨时,用普通平面刨刀。当工件表面粗糙度值要求较低时,粗刨后要进行精刨。精刨的刨削深度和进给量应比粗刨小、刨削速度可略高些。精刨时,可用圆头刨刀或宽刃刨刀。刨削深度a_p为0.5~2 mm,进给量$f=0.1~0.3$ mm/行程。为使工件表面光洁,在刨刀返回时,可用手掀起刀座上的抬刀板,使刀尖不与工件摩擦。

2. 刨垂直角面

偏转刀座用偏刀刨垂直面,如图 9-5 所示。

(1)将刀架转盘刻度线对准零线,以保证垂直进给方向与工作台台面垂直。

(2)将刀座下端向着工件加工面偏转一个角度(约 10°~15°),使刨刀在回程时能抬离已加工表面,避免留下拖刀痕迹。

(3)摇动刀架进给手柄,使刀架作垂直进给,进行刨削。

3. 刨斜面

倾斜刀架法偏刀刨斜面,其步骤如下:

(1)扳转刀架,使刀架转盘转过的角度等于工件斜面与垂直面间的夹角,如图 9-6 所示。

(2)将刀座下端向着工件加工面偏转一个角度(同刨垂直面)。

(3)手摇刀架进给手柄,从上向下沿倾斜方向进给,进行刨削。

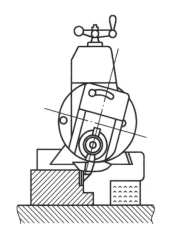

图 9-5 偏转刀座刨垂直面

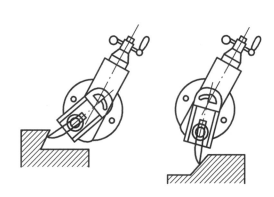

图 9-6 倾斜刀架刨斜面

9.3.2 刨沟槽

槽类工件很多,如直角槽、燕尾槽、V 形槽和 T 形槽等。

1. 刨 V 形槽

先按刨平面的方法把 V 形槽粗刨出大致形状,然后用切刀刨 V 形槽底的直角槽,再按刨斜面的方法用偏刀刨 V 形槽的两侧斜面,最后用样板刀精刨至图样要求的尺寸精度和表面粗糙度,如图 9-7 所示。

2. 刨 T 形槽

先用切刀刨直角槽,使其宽度等于 T 形槽槽口的宽度,深度等于 T 形槽的深度,然后分别用左右弯头切刀刨削左右侧凹槽,如凹槽的难度较大,可分几次完成,再用垂直进给精刨槽壁,最后用 45°刨刀倒角,如图 9-8 所示。

3. 刨燕尾槽

刨燕尾槽的方法类似于刨 T 形槽,先在工件端面和上平面划出加工线,刨侧面时刀架

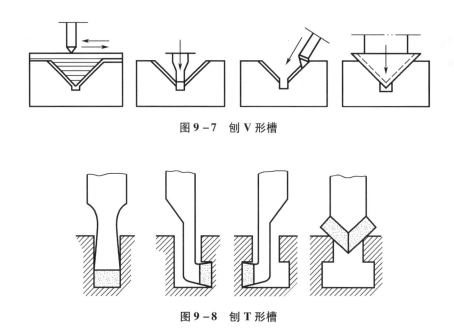

图 9-7 刨 V 形槽

图 9-8 刨 T 形槽

转盘要扳转一定角度,采用角度偏刀,如图 9-9 所示。

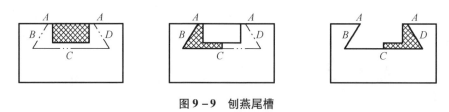

图 9-9 刨燕尾槽

9.4 刨削加工实习安全技术

刨削加工实习中要特别注意下列安全事项及操作规程:

(1)工作时,禁止站在工作台前面,以防切屑与工件落下伤人。

(2)严禁在工作台上、机用虎钳上和横梁导轨上敲击和校正工件,也不准在工作台上堆放工具、量具和工件。

(3)开动机床时要前后照顾,避免机床碰伤人或损坏工件和设备。开动机床后,绝不允许擅自离开机床。

(4)工作结束后,应将牛头刨床的工作台移到横梁的中间位置,并紧固工作台前端下面的支承柱,使滑枕停在床身的中部;应将龙门刨床的工作台移动到床身的中间,将刀架移动到横梁两侧与立柱相应的位置上;刨床的手柄应放在空挡,在规定的位置上加注润滑油;最后关闭电源。

训练项目实例

1. 长方体工件

选用毛坯为 20 mm × 20 mm × 90 mm 的 45 钢料,刨削四面至尺寸为 $16^{0}_{-0.1}$ mm × $16^{0}_{-0.1}$ mm,保证加工后各表面粗糙度 Ra 为 6.4 μm,各相邻表面相互垂直,相对表面平行。

2. 刨削过程及步骤

第一步:一般先刨出大面1,作为基准面,如图9-10所示。

第二步:将已加工的大面1作为基准面贴紧固定钳口,在活动钳口与工件之间的中部垫一个圆棒后夹紧,然后加工相邻的面2。

第三步:把加工过的面2朝下,同样按上述方法,使基面1紧贴固定钳口。夹紧时,用锤子轻轻敲打工件,使面2贴紧平口钳底部,就可以加工面4。

第四步:加工面3。把面1放在平行垫铁上,工件直接夹在两个钳口之间,夹紧时要求用手锤轻轻敲打面3,使面1与垫铁贴实。

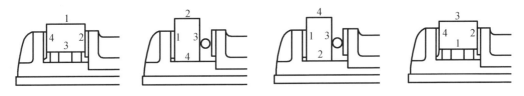

图9-10 长方体刨削步骤

复习思考题

1. 牛头刨床主要由哪几部分组成?各部分有何作用?
2. 牛头刨床刨削平面时的间歇进给运动是靠什么实现的?
3. 刨削的加工范围有哪些?
4. 常见的刨刀有几种?
5. 刨削垂直面和斜面时如何调整刀架?

第10章 磨削加工

10.1 概　　述

在磨床上用砂轮作为切削工具,对工件表面进行加工的方法称为磨削加工。

磨削加工是精加工的主要方法之一,与车、铣、刨、钻等加工方法相比有以下特点:

(1)在磨削过程中,磨削速度很高,产生大量切削热,磨削温度可达1 000 ℃以上。为保证工件表面质量,磨削时必须使用大量的切削液。

(2)磨削不仅能加工一般的金属材料,如钢、铸铁及有色金属合金,而且还可以加工硬度很高用金属刀具很难加工,甚至根本不能加工的材料,如淬火钢、硬质合金等。

(3)磨削加工尺寸公差等级可达IT5~IT6,表面粗糙度Ra可达0.1~0.8 μm。高精度磨削时,尺寸公差等级可超过IT5,表面粗糙度Ra可达0.05 μm以下。

(4)磨削加工的背吃刀量较小,故要求零件在磨削之前先进行半精加工。

磨削加工的用途很广,它可以利用不同类型的磨床分别磨削外圆、内孔、平面、沟槽、成形面(齿形、螺纹等)以及刃磨各种刀具,如图10-1所示。此外,磨削还可用于毛坯的预加工和清理等粗加工工作。

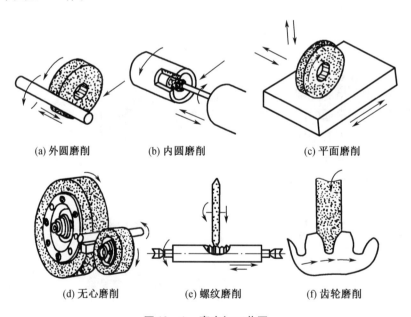

(a) 外圆磨削　　(b) 内圆磨削　　(c) 平面磨削

(d) 无心磨削　　(e) 螺纹磨削　　(f) 齿轮磨削

图10-1　磨床加工范围

10.2 磨　床

10.2.1 磨床的种类及型号

磨床是指用磨具或磨料加工工件各种表面的机床。磨床的种类很多,常用的有外圆磨床、内圆磨床、平面磨床及无心磨床等。

1. 万能外圆磨床

图 10-2 所示为 M1432A 万能外圆磨床。型号中"M"为磨床类代号,"14"表示万能外圆磨床,"32"表示最大磨削直径为 320 mm,"A"为第一次重大结构改型设计。

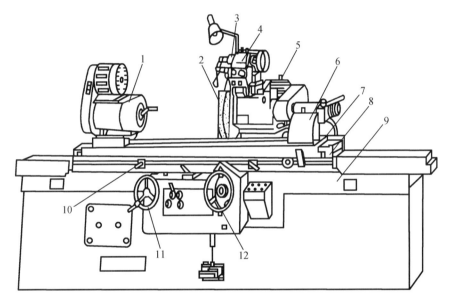

1—头架;2—砂轮;3—内圆磨头;4—磨架;5—砂轮架;6—尾座;7—上工作台;
8—下工作台;9—床身;10—换向挡块;11—纵向进给手轮;12—横向进给手轮。

图 10-2　M1432A 万能外圆磨床

2. 平面磨床

图 10-3 所示为 M7120A 平面磨床。它主要是用来磨削工件上的平面的,主要由床身、工作台、立柱、磨头及砂轮修整器等部分组成。工作台宽度为 200 mm,由液压传动做往复直线运动,也可用手轮操作。工作台上装有电磁吸盘或其他夹具,用以装夹工件。

磨头(亦称砂轮架),可由液压传动或通过转动横向进给手轮,沿滑板的水平导轨做横向进给运动。摇动垂直进给手轮,可调整磨头在立柱垂直导轨上的高低位置,并可完成垂直方向的进给运动。

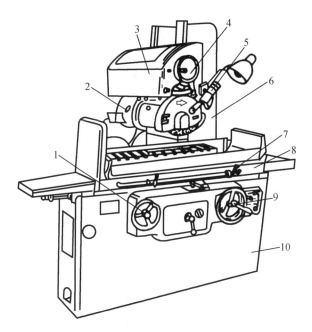

1—作台手轮;2—磨头;3—滑板;4—横向给进手轮;5—砂轮修整器;
6—立柱;7—行程换挡;8—工作台 9—垂直进给手轮;10—床身。

图 10-3　M7120A 平面磨床

10.2.2　万能外圆磨床的组成及作用

1. 床身

用以支承和连接各部件,上部装有纵向导轨和横向导轨,用来安装工作台和砂轮架。工作台可沿床身纵向导轨移动,砂轮架可沿横向导轨移动。床身内部装有液压传动系统。

2. 工作台

工作台安装在床身的纵向导轨上,由上、下工作台两部分组成。上工作台可绕下工作台的心轴在水平面内调整某一角度来磨削锥面。它由液压驱动,沿着床身的纵向导轨作直线往复运动,使工件实现纵向进给。工作台可以手动,也可自动换向。自动换向由安置在工作台前侧面T形槽内的两个换向挡块进行操纵。

3. 头架

头架用于安装工件,其主轴由电动机经变速机构带动做旋转运动,以实现圆周进给运动;主轴前端可以安装顶尖拨盘或卡盘,以便装夹工件。头架还可以在水平面内偏转一定的角度。

4. 砂轮架

砂轮架用于安装砂轮,并由单独电动机驱动。砂轮架安装在床身的横向导轨上,可通过手动或液压传动实现横向运动。

5. 内圆磨头

内圆磨头装有主轴,主轴上可安装内圆磨削砂轮,由单独电动机带动,用来磨削工件的内圆表面。内圆磨头可绕砂轮架上的销轴翻转,使用时翻下,不用时翻向砂轮架上方。

6. 尾座

尾座可在工作台上纵向移动。尾座的套筒内有顶尖,用来支承工件的另一端。扳动杠杆,套筒可伸出或缩进,以便装卸工件。

10.2.3 磨床液压传动

磨床是精密加工机床,不仅要求精度高、刚性好、热变形小,而且要求振动小、传动平稳。所以,磨床工作台的往复运动采用无级变速液压传动,如图 10-4 所示。

1. 液压传动的组成

液压传动的主要组成部分有:

(1) 液压泵——动力元件

液压泵是能量转换装置,作用是将电动机输入的机械能转换为液体的压力能。

(2) 液压缸——执行机构

液压缸也是一种能量转换装置,作用是把液压泵输入的液体压力能转换为工作部件的机械能。

(3) 各种阀类件——控制元件

其作用是控制和调节油液的压力、速度及流动方向,满足工作需要。

(4) 油池、油管、滤油器、压力表等

它们为辅助装置,作用是创造必要条件,以保证液压系统正常工作。

2. 液压传动原理

图 10-4 所示为万能外圆磨床液压传动原理示意图,简单地介绍一下液压传动原理。

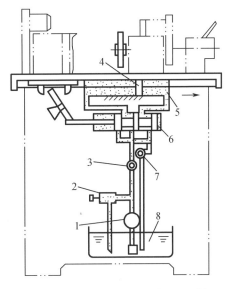

1—液压泵;2—溢流阀;3—止通阀;4—活塞;
5—液压缸;6—换向阀;7—节流阀;8—油箱。

图 10-4 万能外圆磨床液压传动原理示意图

(1) 工作台向左移动时

高压油:液压泵→止通阀→换向阀→液压缸右腔。

低压油:液压缸左腔→换向阀→油池。

(2) 工作台向右移动时

高压油:液压泵→止通阀→换向阀→液压缸左腔。

低压油:液压缸右腔→换向阀→油池。

操纵手柄由工作台一侧的挡块推动。工作台的行程长度可调整挡块的位置和距离。节流阀用来控制工作台的速度,过量的油可由溢流阀排入油池。当止通阀旋转 90°时,高层油全部流回油池,工作台停止运动。

10.3 砂 轮

10.3.1 砂轮的组成

砂轮是磨削的切削工具。它是由许多细小而坚硬的磨粒用结合剂黏结而成的多孔物体。磨粒、结合剂和空隙是构成砂轮的三要素,如图 10-5 所示。

磨粒直接担负着切削工作。磨削时,它要在高温下经受剧烈的摩擦及挤压作用。所以磨粒除了必须具有很高的硬度、耐热性以及一定的韧性外,还要具有锋利的切削刃口。磨粒磨钝后,磨削力也随之增大,致使磨粒破碎或脱落,重新露出锋利的刃口,此特性称为"自锐性"。自锐性使磨削在一定时间内能正常进行,但超过一定工作时间后,应进行人工修整,以免磨削力增大引起振动、噪声及损伤工件表面。常用的磨料有两类。

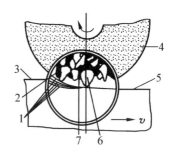

1—切削表面;2—空隙;3—待加工表面;4—砂轮;
5—已加工表面;6—磨粒;7—结合剂。

图 10-5 砂轮及磨削示意图

1. 刚玉类

主要成分是 Al_2O_3,其韧性好,适用于磨削钢料及一般刀具。

2. 碳化硅类

碳化硅类的硬度比刚玉类高,磨粒锋利,导热性好,适用于磨削铸铁及硬质合金刀具等脆性材料。

磨粒的大小用粒度表示。粒度号数越大,颗粒越小。一般情况下粗加工及磨削软材料时选用粗磨粒,精加工及磨削脆性材料时,选用细磨粒。常用粒度为 36~100 号。

磨粒用结合剂可以黏结成各种形状和尺寸的砂轮,如图 10-6 所示,以适应不同表面形状与尺寸的加工。常用的为陶瓷结合剂,磨粒黏结越牢,砂轮的硬度越高。

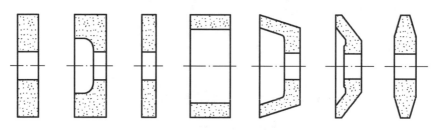

图 10-6 砂轮的形状

按 GB/T 2484—1994 规定,砂轮标志顺序如下:砂轮形状、尺寸、磨料、粒度、硬度、组织、结合剂和最高线速度。举例如下:

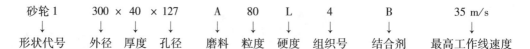

砂轮1	300×40×127	A	80	L	4	B	35 m/s
↓	↓ ↓ ↓	↓	↓	↓	↓	↓	↓
形状代号	外径 厚度 孔径	磨料	粒度	硬度	组织号	结合剂	最高工作线速度

10.3.2 砂轮的修整检查与安装

砂轮工作一定时间后,磨粒逐渐变钝,砂轮工作表面空隙被堵塞,砂轮的正确几何形状被破坏。这时必须进行修整,将砂轮表面一层变钝了的磨粒切去,以恢复砂轮的切削能力及正确的几何形状。如图 10-7 所示。

因为砂轮在高速运转的情况下工作,所以安装前要通过敲击响声来检查砂轮是否有裂纹,以防高速旋转时,砂轮破裂。为了使砂轮平稳工作,对于直径大于 125 mm 的砂轮都要进行平衡试验。

砂轮的安装如图 10-8 所示。

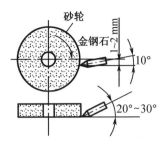

图 10-7 砂轮的修整

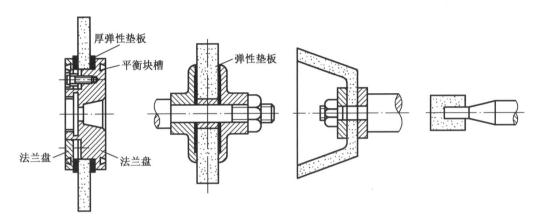

图 10-8 砂轮的安装方法

10.4 外圆磨床及其磨削加工

10.4.1 工件的安装

在外圆磨床上,工件一般用前后顶尖装夹,或使用三爪自定心卡盘或四爪单动卡盘装夹。外圆磨削最常用的装夹方法是用前后顶尖装夹工件,其特点是迅速方便,加工精度高。

1. 顶尖安装

在装夹时利用工件两端的中心孔,把工件支承在前、后顶尖上,工件由头架的拨盘和拨杆经夹头带动旋转。磨床采用的顶尖都不随工件一起转动,并且尾座顶尖是靠弹簧推紧力顶紧工件的,这样可以获得较高的加工精度。

由于中心孔的几何形状将直接影响工件的加工质量,因此磨削前应对工件的中心孔进行修研。特别是对经过热处理的工件,必须仔细修研中心孔,以消除中心孔的变形和表面氧化皮等。

2. 卡盘安装

端面上没有中心孔的短工件可用三爪自定心卡盘或四爪单动卡盘装夹,装夹方法与车削装夹方法基本相同。

3. 心轴安装

盘套类工件常以内圆定位磨削外圆,此时必须采用心轴来装夹工件。心轴可安装在顶尖间,有时也可以直接安装在头架主轴的锥孔里。

10.4.2 磨削方法

磨削方法有以下两种。

1. 纵磨法

轴类零件的外圆磨削一般都采用纵磨法,如图10-9(a)所示。工件旋转做圆周进给运动和纵向进给往复运动,砂轮除做高速旋转运动外,还在工件每纵向行程终了时进行横向进给。常选用的圆周速度为30~35 m/s,工件周向进给量为10~30 mm/min,纵向进给量为工件每转移动砂轮宽度的0.2~0.8倍,横向进给量为工件每次往复移动0.005~0.04 mm。这种磨削方法加工质量高,但效率较低。

2. 横磨法

磨削粗、短轴的外圆和磨削长度小于砂轮宽度的工件时,常采用横磨法,如图10-9(b)所示。横磨法磨削时,工件不需做纵向进给运动,砂轮做高速旋转运动和连续或断续的横向进给运动。

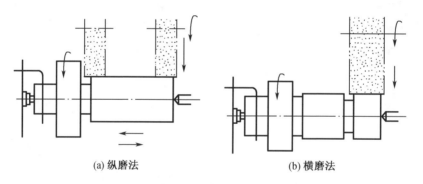

(a) 纵磨法　　　　　　　　(b) 横磨法

图10-9　外圆磨削方法

10.5　平面磨床及其磨削加工

10.5.1　工件安装

目前磁性夹具普遍用于平面磨削,但在轴承、双端面、卡爪磨床上也常采用。磁性夹具用于送料及夹持工件。磁性夹具的特点是装卸工件迅速,操作方便,通用性好。磁性夹具有两类:一类叫电磁吸盘,一类叫永磁吸盘。电磁吸盘用来装夹各种导磁材料工件,如钢、铸铁类等。

工件的夹持是通过面板吸附于电磁吸盘上的,当线圈中通有直流电时,面板与盘体形成磁极产生磁通,此时将工件放在面板上,一端紧靠定位面,使磁通成封闭回路,将工件吸住。工件加工完后,只要将电磁吸盘励磁线圈的电源切断,即可卸下工件。

10.5.2 磨削方法

平面磨削时,砂轮高速旋转为主运动;工件随工作台做往复直线进给运动或圆周进给运动。按砂轮工作的表面可分为周磨和端磨。

周磨是用砂轮的圆周面磨削平面,如图 10-10(a)所示。周磨平面时,砂轮与工件的接触面积很小,排屑和冷却条件均较好,所以工件不易产生热变形,而且因砂轮圆周表面的磨粒磨损较均匀,故加工质量较高,此法适用于精磨。

端磨是用砂轮的端面磨削工件平面,如图 10-10(b)所示。端磨平面时,砂轮与工件接触面积大,切削液不易浇注到磨削区内,故工件热变形大,而且因砂轮端面各点的圆周速度不同,端面磨损不均匀,所以加工精度较低。但因其磨削效率较高,适用于粗磨。

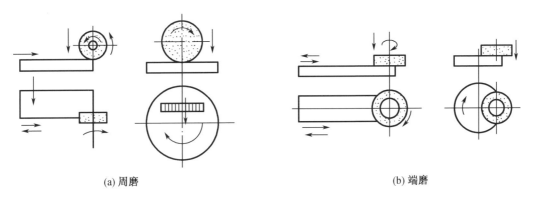

(a) 周磨　　　　　　　　　　　　　　(b) 端磨

图 10-10　平面的磨削方式

10.6　磨削加工实习安全技术

磨削加工实习中要特别注意下列安全事项及操作规程:

(1)开车前应认真地对机床进行全面检查,包括对操纵机构、电气设备及磁力吸盘等夹具的检查。检查后再经润滑,润滑后进行试车,确认一切良好,方可使用。

(2)装夹工件时要注意夹正、卡紧,在磨削过程中工件松脱会造成工件飞出伤人或撞碎砂轮等严重后果。开始工作时,应用手调方式,使砂轮慢慢与工件靠近,开始进给量要小,不允许用力过猛,防止碰撞砂轮。需要用挡铁控制工作台往复运动时,要根据工件磨削长度,准确调整距离,将挡铁紧固。

(3)学生在实习中要戴好防护眼镜,修整砂轮时要平稳地进行,防止撞击。测量工件、调整或擦拭机床都要在停机后进行。用磁力吸盘时,要将盘面、工件擦净、靠紧、吸牢,必要时可加挡铁,防止工件移位或飞出。要注意装好砂轮防护罩或机床挡板,站位要侧过高速旋转砂轮的正面。

训练项目实例

题目:在平面磨床进行磨削平面练习(磨锤子头)。

1. 装夹工件

平面磨床的工作台装有电磁吸盘,安装磁性工件用电磁吸盘,擦净工件和吸盘表面,按下吸盘按钮。

2. 调整机床

调整工件移动速度 v_w;旋转节流阀;调整行程;调整挡块位置与距离;调整垂直进给量 $f_垂$,粗进给时摇动手轮(每格 0.005 mm),细进给时压微动进给杠杆;调整横向进给量 $f_横$:手动或自动进给,手轮每格 0.01 mm。

3. 磨削步骤

(1)启动油泵电机;(2)吸牢工件,装小工件时在工件两端加挡铁;(3)工作台纵向移动;(4)启动砂轮电机;(5)给足冷却液;(6)下降砂轮,微触工件;(7)调 $f_垂$,自动横向进给,粗磨;(8)停车,测量,调 $f_垂$;(9)精磨,停车,测量;(10)工件退磁。

复习思考题

1. 磨削加工的特点是什么?
2. 磨外圆时,工件和砂轮需作哪些运动?磨削用量如何表示?
3. 平面磨床由哪几部分组成,各有何作用?
4. 磨床为什么要采用液压传动?磨床工作台的往复运动如何实现?
5. 如何选用砂轮?砂轮为什么要进行修整,如何修整?

第 11 章 数控加工技术[①]

11.1 概 述

数控加工技术集传统的机械制造技术、计算机技术、现代控制技术、传感检测技术、信息处理、光机电技术于一体,是现代机械制造技术的基础。随着《中国制造 2025》计划的提出,国内制造业发展更加迅速,全球制造业向我国转移的趋势十分明显,代表着先进制造技术的数控加工在制造业中应用也日益普及。

数控技术。数控技术(numerical control technology)是使用数字、字符和其他符号对某一过程(加工、测量、装配等)进行控制的一种可编程自动化方法。

数控机床。数控机床(numerical control machine tools)是采用数字控制技术对机床的各部件的运动和动作实现自动控制,从而完成加工过程的一类机床。

数控系统。数控系统是一种控制系统,它自动阅读输入载体上事先给定的数字,并将其译码,从而使机床移动和加工零件。数控装置和伺服控制部分统称为数控系统。

随着计算技术、电子技术、自动控制技术及精密测量技术的迅速发展,数控机床也在不断地更新换代,先后经历了电子管、晶体管、小规模集成电路、小型计算机(CNC)、微型机(MNC)和微机(PC)数控系统等 6 个发展阶段。数控机床在制造业中的广泛应用具体特点表现在以下几个方面:

(1) 生产效益普遍提高。
(2) 加工精度高、互换性好。
(3) 适合加工传统加工不能完成的复杂零件。
(4) 减轻劳动强度、改善劳动条件。
(5) 有利于产品质量控制,便于生产管理。

11.2 数控机床的组成及工作过程

11.2.1 数控机床的组成

数控机床已由硬件数控机床(采用硬件数控系统)发展到了 CNC 机床(computer numerical control machine tools)。CNC 机床由信息输入、数控装置、伺服驱动装置及检测装置、机床本体、机电接口五大部分组成,如图 11-1 所示。

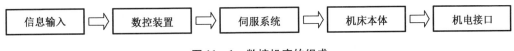

图 11-1 数控机床的组成

[①] 第 11 章至第 13 章中涉及编程指令中的变量字母使用正体。

1. 信息输入

信息输入部分是数控机床的信息输入通道,加工零件的程序和各种参数、数据通过输入设备送进数控装置。早期的输入方式为穿孔纸带、磁带,目前多采用磁盘;在生产现场,一些简单的零件程序都采用按键、配合显示器(CRT)或在操作面板上进行手动数据输入,也称作 MDI 方式;手摇脉冲发生器输入多用于调整机床和对刀时使用;也可通过通信接口由上位机输入。

2. 数控装置

计算机数控装置(CNC 装置)是由中央处理单元(CPU)、存储器、总线、输入/输出接口和相应的软件构成的专用计算机,它接收到输入信息后,经过译码、轨迹计算、插补运算和补偿计算,再给各个坐标的伺服驱动系统分配速度、位移指令。这一部分是数控机床的核心,整个数控机床的功能强弱主要由这一部分决定。

3. 伺服系统

伺服系统又称伺服驱动装置,它接受计算机运算处理后分配来的信号。该信号经过调节、转换、放大以后去驱动伺服电动机,带动机床的执行部件运动,并且随时检测伺服电机或工作台的实际运动情况,进行严格的速度和位置反馈控制。常用的检测反馈装置是由测速发电机、旋转变压器、脉冲编码器、光栅、霍尔传感器等组成的系统。

4. 机床本体

机床本体包括机床的主运动部件、进给运动部件、执行部件和基础部件如床身、立柱、工作台、导轨等。同时还有一些良好的配套设施,如冷却、自动排屑、防护、可靠的润滑等功能。

5. 机电接口

数控机床除了实现精确的轮廓轨迹伺服控制外,还有许多其他的辅助功能,如控制主轴的启动、停止、自动换刀、冷却液的开关和各种电气元件通断等。这些逻辑开关动作的实现,需要借助可编程逻辑控制器(PLC)的 I/O 输入和输出接口进行连线来完成数据的交换,实现动轮船控制。

11.2.2 数控机床的工作过程

数控机床的工作过程是将加工零件的几何信息和工艺信息进行数字化处理,即对所有的操作步骤(如主轴的启停、刀具的选择交换、切削液的开关等)和刀具与工件之间的相对位移以及进给速度等都用数字化的代码表示。基本过程如图 11-2 所示。

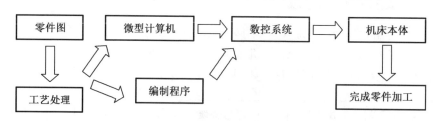

图 11-2 数控机床的工作过程

在加工前要分析零件图,拟定零件加工工艺方案,明确加工参数,然后按编程规则编制数控加工程序,通过键盘将程序输入到机床的数控系统中,经检查无误后即可启动机床,运行数控加工程序。或者利用 CAD/CAM 软件在微机上进行三维建模,并自动生成数控加工程序,通过接口输入,实现工件的自动化加工。

11.3　数控加工基本原理

11.3.1　数控刀具和夹具

1. 数控刀具的种类

数控刀具主要指数控车床、数控铣床、加工中心等机床上使用的刀具。可分为常规刀具和模块化刀具两大类。模块化刀具是发展方向,具有诸多优点。

2. 刀具插补和刀具补偿

(1)插补

插补是指在被加工轨迹的起点和终点之间插进若干中间点,然后用已知线形(如直线、圆弧)向所需线形逼近的过程,是 CNC 中的轨迹控制策略。插补解决的问题就是用一种简单快速的方法计算出刀具运动的轨迹信息。

(2)刀具补偿

通常编程时计算的刀具运行轨迹是刀具的圆弧中心点的运行轨迹,如果这样直接加工零件就会与实际尺寸产生误差,这个偏差值就是刀具圆弧半径或刀具磨损量的尺寸。

3. 夹具的分类

在机床上使工件占有正确的加工位置,并使其在加工过程中始终保持不变的工艺装备称为机床夹具。详细介绍如下:

(1)按专门化程度分类

夹具按专门化程度可分为通用夹具、专用夹具、可调夹具、随行夹具。

(2)按使用的机床分类

由于机床自身工作特点和结构形式各不相同,相应地对所用夹具的结构也提出了不同的要求。按使用的机床不同,夹具可分为车床夹具、铣床夹具、钻床夹具、镗床夹具、磨床夹具、齿轮机床夹具和其他机床夹具等。

(3)按夹紧动力源分类

根据夹具采用的夹紧动力源不同,可分为手动夹具、气动夹具、液压夹具、气液夹具、电动夹具、磁力夹具和真空夹具等。

11.3.2　数控编程中的工艺准备

1. 数控加工零件的工艺性分析

在选择并确定数控加工零件及其加工内容后,应对零件的数控加工工艺性进行全面、认真、仔细的分析。主要内容包括产品的零件图分析、零件结构工艺性分析和零件安装方式的选择等。

(1)零件图分析

首先应熟悉零件在产品中的作用、位置、装配关系和工作条件,弄清各项技术要求对零件装配质量和使用性能的影响,找出主要和关键的技术要求,然后对零件图进行分析。

(2)零件结构工艺性分析

零件的结构工艺性是指所设计的零件在满足使用性能要求的前提下制造的可行性和经济性。通过对零件的结构特点、精度要求和复杂程度进行分析,可以确定零件所需的加工方法和数控机床的类型和规格。

(3) 选择合适的零件安装方式

数控机床加工时,应尽量使零件安装一次就能够完成所有待加工表面的加工。要合理选择定位基准和夹紧方式,以减少误差环节。尽量采用通用夹具和组合夹具,必要时才设计专用夹具。夹具设计的原理和方法与普通机床所用的夹具相同,但应使其结构简单,便于装卸,操作灵活。

2. 对刀点与换刀点的确定

在编程时,应正确选择对刀点和换刀点的位置。对刀点就是在数控机床上加工零件时,刀具相对于工件运动的起点。由于程序段从该点开始执行,所以对刀点又称为程序起点或起刀点。若对刀精度要求不高时,可直接选用零件上或夹具上的某些表面作为对刀面。若对刀精度要求较高时,对刀点应尽量选在零件的设计基准或工艺基准上。在成批生产中要考虑对刀点的重复精度,该精度可用对刀点距机床原点的坐标值来校核。如图 11-3 所示为不同刀具的对刀点。

  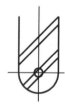

图 11-3 不同刀具的对刀点

加工过程中需要换刀时,应规定换刀点。所谓换刀点是指刀架转位换刀时的位置。该点可以是某一固定点(如加工中心机床,其换刀机械手的位置是固定的),也可以是任意的一点(如车床)。换刀点应设在工件或夹具的外部,以刀架转位时不碰工件及其他部件为准,其设定值可用实际测量方法或计算确定。

11.4 机床坐标系

在数控机床上加工零件,机床的动作由数控系统发出的指令来控制。为了确定机床的运动方向和移动距离,需要在机床上建立一个坐标系,即机床坐标系。它是机床上固有的坐标系,它的坐标原点是机床出厂时所设置好的一个固定点($X=0$、$Y=0$、$Z=0$),这个固定点就是机床原点,是为了确定工件在机床上的位置、机床运动部件的特殊位置以及运动范围等而建立的几何坐标系。

机床制造厂通常在每个坐标轴的移动范围内设置一个机床参考点,又称机床零点,它可以与机床原点重合,也可以不重合。数控机床上电时并不知道机床零点的位置,因此上电后需要进行"回参考点"操作,以正确建立机床坐标系。

按照 ISO 标准及我国 GB/T 19660—2005《工业自动化系统与集成 机床数值控制坐标系和运动命名》,数控机床采用右手直角笛卡儿坐标系,如图 11-4 所示。基本直角坐标轴

X、Y、Z 三者的关系及其正方向按右手定则判定,围绕 X、Y、Z 各轴做旋转运动的轴 A、B、C 三者的正方向按右手螺旋法则判定。

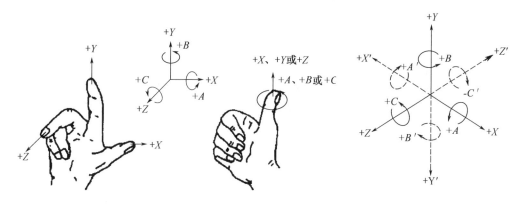

图 11-4　右手直角笛卡儿坐标系

数控机床坐标系的统一规定为。
(1)数控机床的坐标系采用右手笛卡儿直角坐标系。
(2)一律视为工件静止、刀具相对于工件移动来完成数控加工。
(3)规定取刀具移动远离工件的方向,作为数控机床坐标轴的正方向。

按上述标准的统一规定,数控车床以主轴的径向为 X 轴方向(图 11-5a)),以主轴的轴向为 Z 轴方向;数控铣床以工作台的纵向为 X 轴方向,以工作台的横向为 Y 轴方向,以主轴的轴向为 Z 轴方向(图 11-5(b))。需要指出的是,图 11-5 中所示箭头方向均表示工件假想静止时,刀具相对于工件的移动方向。由于数控铣床加工的实际情况是工件移动但刀具不移动,故以 X'、Y'、Z' 表示工件的移动方向,其换算关系为:$X' = -X$;$Y' = -Y$;$Z' = -Z$。

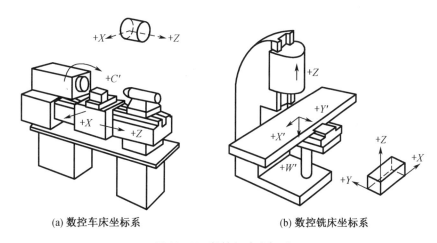

(a) 数控车床坐标系　　　(b) 数控铣床坐标系

图 11-5　数控机床坐标系

11.5 工件坐标系

11.5.1 工件坐标系

机床坐标系是相对数控机床而言的,而工件坐标系是相对工件而言的。它是编程人员根据加工零件的形状特征和工艺要求,为了编程的方便在工件上确立的坐标系。

工件坐标系是人为设定的,从理论上讲,工件原点选在任何位置都是可以的,但实际上,为了编程方便以及尺寸计算较为直观,应尽量把工件原点的位置选得合理些。

车削加工时,一般将工件坐标系的原点设定在工件的左端面或右端面上,也可选在其轴向尺寸的设计基准上。铣削加工时,一般将工件坐标系的原点设定在对称中心或圆心上。当工件装夹后,通过对刀,确定工件坐标系在机床坐标系下的位置,即刀具在工件坐标系中的坐标值,如图 11-6 所示,刀具在机床和工件坐标系下的位置。

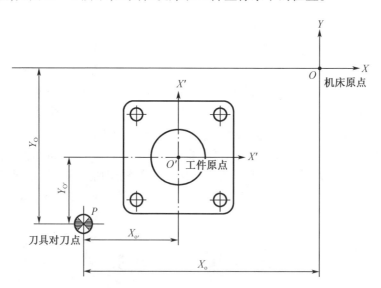

图 11-6 刀具在机床和工件坐标系下的位置

11.5.2 对刀与对刀点

在数控加工中,工件坐标系确定后,我们需要让机床坐标系知道,人为设定的工件原点距离机床原点有多远,通过移动刀具或工件,让刀具与工件直接或间接的接触,这样在显式屏上,机床坐标系下的各坐标值就是我们直接或间接得到的工件原点在机床坐标系下的位置了,即对刀的目的所在。

对刀点就是通过对刀确定的刀具与工件相对位置的基准点。对刀点可以在工件上,也可以设在与工件有关系的某一位置上。如上图 11-6 示,若将对刀点设在工件原点上,那么 $X_0 = 0, Y_0 = 0$。

11.5.3 绝对坐标和相对坐标编程

数控加工程序中表示几何点的坐标位置有绝对值和增量值两种方式。绝对坐标是指点的坐标值是相对于"工件原点"计算的。相对坐标又叫增量坐标,是指运动终点坐标值是以"前一点"的坐标为起点来计算的。编程时要根据零件的加工精度要求及编程方便与否选用坐标类型。如图 11-7 和表 11-1 所示,为绝对坐标和相对坐标的表示方法的示例。

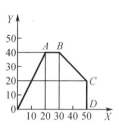

图 11-7 点的运动轨迹

表 11-1 绝对坐标与相对坐标

运动轨迹	绝对坐标		相对坐标	
	X	Y	X	Y
O	0	0	0	0
A	20	40	20	40
B	30	40	10	0
C	50	20	20	-20
D	50	0	0	-20

11.6 数控编程

11.6.1 程序的结构

本书主要以 FANUC 数控系统为对象,介绍有关的程序和功能。FANUC 数控系统在编写零件程序时,是由一定结构、句法和格式规则的若干个程序组成的,而每个程序是由若干个指令字组成的。

一个完整的加工程序由程序名、程序的内容和程序结束三部分组成。

    O1000;   (程序名)
    N10 G00 X200 Z200;
    N20 T0101;
    N30 M03 S1;
    N40 G00 X20 Z45;   (程序内容部分)
    ⋮
    N140 G00 X200 Z100;
    N150 M30;   (程序结束部分)

其中,程序的开头"O1000"是程序名。每一个完整的程序都必须起一个名字,以便从数控装置的存储器中检索,并且程序的名称不能重复。程序名由地址符 O 和跟随地址符后面的 4 位数字组成,即 O××××。

";"表示一个程序段的结束,或者是表示换行,进行下一程序段的编写,在程序内容中是必不可少的,操作面板中用"EOB"表示。

N10～N150 表示程序的段序号,当一个程序段结束后,输入一个";"后程序的段序号会自动显示出来,目的是对每段程序进行命名,而在程序运行的过程中,它的次序不会影响程序运行的顺序。

程序结束是以程序结束指令 M02 或 M30 作为整个程序结束的符号来结束程序的。程序结束应位于最后一个程序段。

11.6.2　程序段的格式

程序段是程序的主要组成部分。程序段由程序字组成,程序字由地址符(用英文字母表示),正负号和数字(或代码)组成。程序段格式是程序段的书写规则。每个程序段前,一般都冠以程序的段序号,程序段序号的地址符都用"N"表示。在有些数控系统中,程序段号可以省略。

数控机床的程序多采用文字地址式。这种格式以地址符开头,后面跟随数字或符号组成的程序字,每个程序字根据地址来确定其含义,各程序字的排列顺序也不严格。一个程序段由若干程序字组成。

例如：N70　　G01　　X40　　Z-30　　F0.2

通常程序段中程序字的顺序及形式一般为：

　　　　　N_　G_　X_　Y_　Z_　F_　S_　T_　M_

N_:程序段号,一般不连续排列,以 5 或 10 间隔,便于插入语句。

G_:准备功能字,地址码 G 后面跟两位数字表示 G 功能。

X、Y、Z:为地址码。尺寸字由地址码、"+""-"及绝对值或增量值构成。常用的有 X、Y、Z、U、W、R、I、K 等。

F_:表示刀具中心运动时报进给量,由地址码 F 和后面若干位数字构成,其单位是 mm/min 或 mm/r。

S_:表示主轴转速,由地址码 S 和若干位数字组成,单位为 r/min。

T_:表示刀具所处的位置,由地址码 T 和若干位数字组成。

M_:表示机床的辅助动作功能指令,由地址码 M 和后面两位数字组成。

"( )"表示注释符,"( )"内的内容为注释文字。

11.6.3　数控编程的内容

1. 分析零件图样,确定工艺过程

包括确定加工方案,选择合适的机床、刀具及夹具,确定合理的进给路线及切削用量等。

2. 数学处理

包括建立工件的几何模型、计算加工过程中刀具相对工件的运动轨迹等。比较复杂的刀具运动轨迹可以借助于计算机绘图软件(如 UG、Mastercam、Powermill 等)来完成。

3. 编写程序单

按照数控装置规定的指令和程序格式编写工件的加工程序单。

4. 制作程序介质并输入程序信息

加工程序可以存储在控制介质(如磁盘、U 盘)上,作为控制数控装置的输入信息。通常,若加工程序简单,可直接通过机床操作面板上的键盘输入;对于大型复杂的程序,往往需外部计算机通过通信电缆进行 DNC 传递。

5. 程序校验和首件切削

编制的加工程序必须通过空运行、图形动态模拟或试切削等方法进行检验。一旦发现错误,应分析原因,及时修改程序或调整刀具补偿参数,直到加工出合格的工件。

复习思考题

1. 数控加工刀具的选择方法有哪些?
2. 夹具的分类有哪几种?
3. 数控加工工艺路线的确定有哪几种方式?
4. 如何确定对刀点和换刀点?
5. 简述机床坐标系和工件坐标系的区别。

第12章 数控车削加工

12.1 概 述

数控车床是使用最广泛的数控机床之一,主要用于加工轴类、盘类等回转体零件。通过编程可以精确地控制刀具的运动轨迹,能够加工形状复杂、精度要求较高的零件。可以自动完成内外圆柱面、圆锥面、成形表面、螺纹和端面等工序的切削加工,并能进行车槽、钻孔、扩孔、铰孔等加工。

12.2 数控车床的结构

虽然数控车床的种类较多,但其结构均主要由车床主体、数控装置和伺服系统三大部分组成,这里着重介绍车床主体的结构和CK6136数控车床的结构及技术参数。

数控车床主体经过专门设计,各个部位的性能都比普通卧式车床优越,如结构刚性好,能适应高速和强力车削需要;精度高,可靠性好,能适应精密加工和长时间连续工作等。

12.2.1 主轴

数控车床的主轴一般采用直流或交流主轴电动机,通过带传动带动主轴旋转,或通过带传动和主轴箱内的减速齿轮(以获得更大的转矩)带动主轴旋转。由于主轴电动机调速范围广,又可无级调速,使得主轴箱的结构大为简化。主轴电动机在额定转速时可输出全部功率和最大转矩。

12.2.2 床身及其导轨

机床的床身是整个机床的基础支撑件,是机床的主体,一般用来放置导轨、主轴箱等重要部件。数控车床的床身除了采用传统的铸造床身外,也采用加强钢肋板或钢板焊接等结构,以减轻其结构质量,提高其刚度。

车床的导轨可分为滑动导轨和滚动导轨两种。滑动导轨具有结构简单、制造方便、接触刚度大等优点。但传统滑动导轨摩擦阻力大,磨损快,动、静摩擦因数差别大,低速时易产生爬行现象。目前,数控车床已不采用传统滑动导轨,而是采用带有耐磨粘贴带覆盖层的滑动导轨和新型塑料滑动导轨。它们具有摩擦性能良好和使用寿命长等特点。

12.2.3 机械传动机构

除了部分主轴箱内的齿轮传动等机构外,数控车床已在原卧式车床传动链的基础上,做了大幅度的简化,如取消了交换齿轮箱、进给箱、溜板箱及其绝大部分传动机构,而仅保留了纵向进给和横向进给的螺纹传动机构,并且增加了消除传动间隙的机构。

12.2.4 刀架

数控车床的刀架是机床的重要组成部分。刀架用于夹持切削用的刀具,因此,其结构直接影响机床的切削性能和切削效率。在一定程度上,刀架的结构和性能体现了机床的设计和制造技术水平。随着数控车床的不断发展,刀具结构形式也在不断翻新。按换刀方式的不同,数控车床的刀架系统主要有回转刀架(图 12-1(a))、排式刀架(图 12-1(b))和带刀库的自动换刀装置等多种形式。其驱动刀架工作的动力有电力和液压两类。

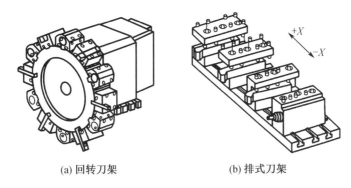

(a) 回转刀架　　　(b) 排式刀架

图 12-1　刀架的结构

12.2.5 辅助装置

数控车床的辅助装置较多,除了与卧式车床所配备的相同或相似的辅助装置外,数控车床还可配备对刀仪、位置检测反馈装置、自动编程系统及自动排屑装置等。

12.2.6 CK6136 数控车床

CK6136 数控车床的结构,如图 12-2 所示。

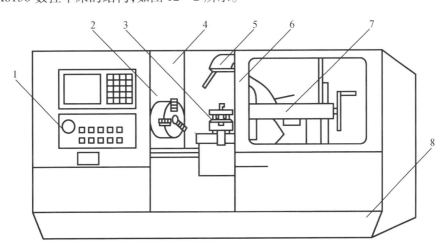

1—控制面板;2—三爪自定心卡盘;3—刀架;4—主轴箱;
5—照明灯;6—防护门;7—尾座;8—床身。

图 12-2　CK6136 数控车床

主要由控制面板、主轴箱、刀架、照明、防护门、尾座和床身等组成,CK6136 数控车床可配置国产数控系统(大森、广数、华中)、西门子数控系统、法那克数控系统等。主要技术参数如下:

最大回转直径/mm	360
最大工件长度/mm	750,1 000,1 500
主轴通孔直径/mm	52
主轴转速(变频调速)r/min	60 ~ 2 000
快速进给速度/(mm/min)	6 000
最小设定单位/mm	0.001
回转刀架工位数	4
刀架横向最大行程/mm	239
顶尖套筒直径/mm	75
顶尖套筒行程/mm	120
机床外形尺寸/mm	2 020 × 1 000 × 1 600(750)。
机床净重/kg	1 500

12.3 基于 FANUC – 0i 数控车床加工程序的编制

12.3.1 车削编程特点

数控车削编程特点如下:

(1)在数控车床上只存在两个轴即 X 轴和 Z 轴。通常采用直径编程方式,X 轴的指令值取零件图样上的直径数值,这样与图纸上的尺寸标注一致,可以避免尺寸换算过程中造成的错误,给编程带来很大方便。当用增量值编程时,以径向实际位移量的两倍矢量值表示,即大小和方向。

(2)在一个程序段中,根据图纸的尺寸,可能采用绝对值编程、增量值编程或二者混合编程的方法。

(3)数控车床的数控系统通常具备不同形式的固定循环,如车内/外圆、车槽、车螺纹等固定循环,大大简化了对毛坯的编程。

(4)编程时,常认为车刀刀尖为一个点。而实际上,为了提高刀具寿命和工件表面质量,车刀刀尖常为一个半径不大的圆弧。因此,为提高工件的加工精度,当用圆头车刀加工编程时,需要对刀具半径进行补偿。

12.3.2 FANUC –0iTC 系统程序指令与编程

1. 程序中指令代码的含义与说明

(1)常用 FANUC – 0iT 系统 G 代码指令

如表 12 – 1 所示。

第12章 数控车削加工

表12-1 FANUC-0iT系统G代码指令一览表

G代码	组别	功能	程序格式及说明
G00	01	快速定位	G00 X(U)_ Z(W)_;
G01		直线插补(切削进给)	G01 X(U)_ Z(W)_F_;
G02		顺圆弧插补	G02 /G03 X(U)_Z(W)_ R_ F_;
G03		逆圆弧插补	G03/G02 X(U)_Z(W)_ I_ K_ F_;
G04	00	暂停	G04 X1.5 或 G04 P1500;
G28		返回参考点	G28 X_ Z_;
G32	01	螺纹加工	G32 X(U)_ Z(W)_ F;
G40	07	取消刀尖R补偿	G40 G00/G01 X(U)_Z(W)_;
G41		刀尖R左补偿	G41 G00/G01 X(U)_Z(W)_;
G42		刀尖R右补偿	G42 G00/G01 X(U)_Z(W)_;
G54~G59	14	选择坐标系1~6	
G70	01	精加工循环	G70 P_ Q_;
G71		外径/内径粗车削循环	G71 U_ R_; G71 P_ Q_ U_ W_ F_;
G72		端面粗车循环	G72 W_ R_; G72 P_ Q_ U_ W_ F_;
G73		闭环仿形车削循环	G73 U_ W_ R_; G73 P_ Q_ U_ W_ F_;
G76	01	复合型螺纹切削循环	G76 P_ Q_ R_; G76 X(U)_Z(W)_ R_ P_ Q_ F_;
G92		螺纹切削循环	G92 X_ Z_ (R_) F_;
G96	02	恒定圆周速度控制	G96 S200 ; (mm/min)
G97	02	取消恒定圆周速度控制	G97 S200; (r/min)
G98	05	每分钟进给速度	G98 F100; (r/min)
G99		每转进给速度	G99 F0.1; (mm/r)
G90	03	绝对值输入	
G91		增量值输入	

(2)常用辅助功能 M 代码指令

如表 12-2 所示。

表 12-2　M 代码及功能

代码	功能说明	代码	功能说明
M00	程序停止	M03	主轴正转
M02	程序结束	M04	主轴反转
M30	程序结束并返回程序起点	M05	主轴停止
		M06	换刀
M98	调用子程序	M08	冷却液打开
M99	子程序结束	M09	冷却液停止

(3)其他功能指令

①T 指令(刀具功能)

刀具功能包括刀具选择功能和刀具偏置补偿、刀尖半径补偿、刀具磨损补偿功能。刀具功能又称 T 功能,由地址 T 和其后四位数字组成,其中前两位数为刀具具号,后两位数为刀具补偿号,如图 12-3 所示。刀具号与刀架上刀位数字相对应。刀具补偿号里存放着刀具补偿值,是在指定界面将刀具补偿值输入数控系统后建立的。刀具号为 0~4,刀补号为 0~64。

图 12-3　刀具号和刀具补偿号

例如:指令"T0404"表示选取处在 4 号刀位上的刀具,同时调用 4 号刀具补偿值;"T0110"表示选取处在 1 号刀位上的刀具,同时调用 10 号刀具补偿值。

②S 指令(主轴功能)

主轴功能 S 控制主轴转速,FANUC 系统不同系列机床,转速表示方法不同,有的系列 S 后的数值表示主轴速度,单位为 r/min。当使用恒线速度功能时 S 指定切削线速度,其后是数值单位为 mm/min(G96 恒线速度有效、G97 取消恒线速度)。有些非无级变速机床,用 S1 表示低转速,S3 表示高转速。

通常 S 指令和 M 指令组合使用,如"M03 S800"表示主轴正转 800 r/min。S 功能只有在主轴速度可调节时有效,S 所编程的主轴转速可以通过机床控制面板上的主轴倍率开关进行修调。如果主轴速度不可调,那么 M03 S1 表示某个档位上的低转速,M03 S3 表示某个档位上的高转速。

③F 指令(进给功能)

F 指令表示工件被加工时刀具相对于工件的合成进给速度,F 的单位取决于 G98(每分钟进给速度 mm/min)和 G99(主轴转一圈刀具的进给量 mm/r)。

如式(12-1)可知,进给量和进给速度的关系。

$$F_m = F_r \times S \tag{12-1}$$

式中　S——主轴转速,r/min;

　　　F_r——每转进给量,mm/r;

F_m——每分钟的进给量,mm/min。

当工作在 G01、G02 或 G03 方式下,编程的 F 一直有效,直到新的 F 值所取代,而工作在 G00 方式下的快速定位速度是各轴的最高速度,与 F 无关。通过机床控制面板上的倍率按键,F 可在一定范围内进行倍率修调。当执行螺纹循环 G32、G92 和 G76 时,倍率开关失效,进给倍率固定在 100%。

2. 常用基本指令和程序介绍

(1)快速定位 G00

①指令格式

G00 X(U)_ Z(W)_;

其中,X、Z 为刀具运动终点在工件坐标系下的绝对坐标;

U、W 为刀具运动终点相对于起点的增量坐标(有大小和方向)。

②应用

主要用于刀具快速接近或远离工件,不能与工件接触运动。

③说明

a. G00 指令的速度是由机床参数"快移进给速度"对各轴分别设定的,不能用 F 规定。但可用面板上的倍率来控制。

b. G00 为模态指令,即连续的程序段如果功能字相同可以省略不写,包括 G01、G02、G03、F 和各坐标值等。

c. 在执行 G00 指令时,刀具运动的合成轨迹不一定都是两点线段,也可能是多点的折线段,所以应注意刀具与工件的位置关系,以免发生碰撞。可以先移动一个坐标轴,再移动另一个轴。

(2)直线插补 G01

①指令格式

G01 X(U)_ Z(W)_ F_;

其中,X、Z 为刀具运动终点在工件坐标系下的绝对坐标;

U、W 为刀具运动终点相对于起点的增量坐标(有大小和方向);

F 为合成进给速度,FANUC 系统默认单位为 mm/r,自动运行时可以通过倍率旋钮来调节。

②应用

用于完成端面、内孔、外圆、槽等线性表面的切削加工。

③说明

G01 指令控制刀具以坐标联动的方式,按 F 规定的合成进给速度,从当前位置沿直线运动到指令的终点。

(3)圆弧插补 G02/G03

①指令格式

G02/G03 X(U)_ Z(W)_ R_ F_;

G02/G03 X(U)_ Z(W)_ I_ K_ F_;

其中,X、Z、U、W 同上。

I、K 是圆心相对于圆弧起点的增量坐标或是圆弧起点和圆心连线的矢量在各个坐标轴上的投影,方向指向圆心。

R 为圆弧半径,当圆弧所对应的圆心角小于等于 180°时,R 为正值;相反,当 R 大于 180°时,R 为负值。

F 为两个轴的合成进给速度。

②应用

用于完成凸弧或凹弧表面的切削加工。

③说明

圆弧顺逆时针方向的判断是圆弧编程的重点,具体的判断方法:向垂直于运动平面的坐标轴的负方向看,顺时针圆弧用 G02 指令,逆时针圆弧用 G03 指令。由于车床的刀架位置不同,所以坐标轴的方向也不同,如图 12 – 4 所示为前后两种刀架位置的圆弧方向判定。

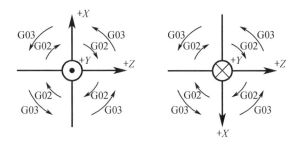

图 12 – 4　前后两种刀架位置的圆弧方向判定

(4)暂停 G04

①指令格式

G04 X_或 G04 P_;

其中,地址符 X 后面可用小数点进行编程,如 X2.0 表示暂停 2 s,而 P2 表示暂停 2 ms;地址符 P 后面不能有小数点,单位为 ms,如 P2000 表示暂停 2 s。

②应用

主要用于切槽、钻镗孔,还可用于拐角轨迹控制。

③说明

a. G04 为非模态指令,仅在其被规定的程序段中有效。

b. G04 可使刀具做短暂停留,以获得光滑的表面。

3. 复合固定循环

由于零件都是从毛坯开始进行加工的,要去除掉的余量很大,任何刀具都不能一刀完成加工任务,所以需要通过多刀的粗车循环和精车最终才能达到要求。

(1)内、外径向粗车循环指令 G71

①指令格式

G71 U(Δd)R(e);

G71 P(ns)Q(nf)U(Δu)W(Δw)F_ S_ T_;

其中,Δd 为 X 轴每次的进刀量(单边半径量),没有符号,且为模态值;

e 为每次的退刀量;

ns 为精车程序开始的程序段号;

nf 为精车程序结束的程序段号;

Δu 为 X 轴精车余量的大小和方向(双边直径量);

Δw 为 Z 轴精车余量的大小和方向;

F 为精加工循环中的进给速度。

注意:ns→nf 程序段中即使指令了 F、S、T 功能,对粗车循环也无效。

②说明

FANUC – 0i 系统中 G71 指令为沿径向进刀,沿轴向切削,只能加工阶梯轴或孔的单调外形轮廓,而不能识别有凹槽的区域。运动轨迹如图 12 – 5 所示。

在 G71 循环指令中,顺序号"ns"程序段必须沿 X 轴进刀,且不能出现 Z 轴运动指令,即两轴不能有联动,否则会报警。

G71 指令中指定的余量必须利用精车循环指令 G70 来完成,指令格式为 G70 P(ns) Q(nf);也就是说用 G70 指令用来识别 ns 到 nf 这之间的精车轨迹,并且 G70 指令用在 G71 指令的程序内容之后,不能单独使用。

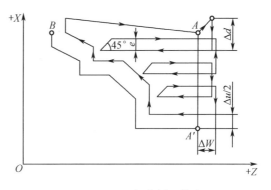

图 12 – 5 G71 粗车循环轨迹图

(2)闭环仿形粗车循环指令 G73

①指令格式

G73 U(Δi) W(Δk) R(d);

G73 P(ns) Q(nf) U(Δu) W(Δw) F_ S_ T_;

其中,Δi 为 X 轴方向总的退刀量的大小和方向(单边半径量),且为模态值;

Δk 为 Z 轴方向总的退刀量的大小和方向,且为模态值;

d 为粗车重复加工次数;

其余参数等同于 G71 指令。

②说明

G73 指令主要用于车削固定轨迹的轮廓,所谓仿形就是仿照精车轨迹偏移而形成的粗车路线,其运动轨迹如图 12 – 6 所示。

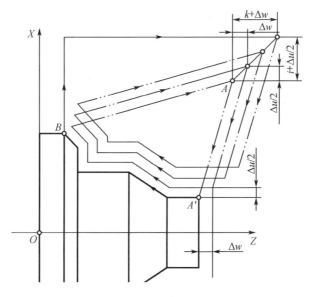

图 12 – 6 G73 粗车循环轨迹图

刀具从 A 点开始,快速退刀至 C 点,在 X 向的退刀量值即为沿 X 轴总的切削量 $(\Delta u/2 + \Delta i)$;同理 Z 向的退刀量值即为沿 Z 轴总的切削量 $(\Delta w + \Delta k)$,这些切削总量将被重复次数 d 分层加工。

同样 G73 指令也需要 G70 指令来识别精车的循环加工,同上 G71 指令。

(3)螺纹切削循环指令 G92

①指令格式

G92　X(U)＿Z(W)＿R＿F＿

其中,X、Z 表示螺纹终点坐标值;

U、W 表示螺纹终点相对循环起点的坐标分量;

R 表示锥螺纹始点与终点在 X 轴方向的坐标增量(半径值),圆柱螺纹切削循环时 R 为零,可省略;

F 表示螺纹导程。

②说明

切削圆柱螺纹和锥螺纹,刀具从循环起点,按图 12-7 与图 12-8 所示走刀路线走刀,最后返回到循环起点,图中虚线表示按 R 快速移动,实线按 F 指定的进给速度移动。

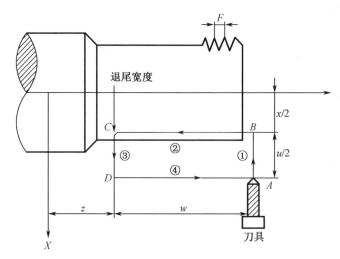

图 12-7　切削圆柱螺纹走刀路线

12.4　数控车床的操作

12.4.1　机床的操作面板

各个厂家和系统的操作面板大同小异,数控车床的操作面板主要由 CRT 显示屏、操作按键面板、紧急停止按钮(EMERGENCY STOP)、手摇脉冲轮,以及进给倍率旋钮等几部分组成,如图 12-9 所示。

"系统启动"和"系统停止"是当机床上电后,对数控系统进行开启和关闭。

"EMERGENCY STOP"是紧急停止按钮,当机床出现突发事件和紧急情况时,拍下此按钮将会对整个机床掉电,停止一切的工作。

第12章 数控车削加工

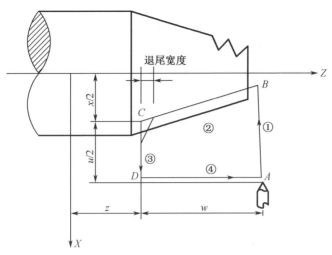

图 12-8 切削锥螺纹走刀路线

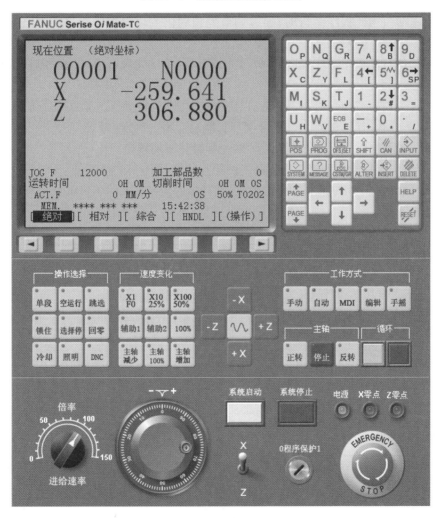

图 12-9 数控车床操作面板

CRT显示屏主要用来显示机床各轴的当前坐标值、主轴速度、进给速度、加工程序、刀具和辅助信息等,便于操作者实时监控机床的状态。

"手动"是控制机床刀架运动的一种工作方式,主要目的是让刀具快速的接近或远离工件,以提高效率。当按下面板上 ∿ (快速键),点动±X或±Z四个按钮时,刀架根据给定的F0、25%或50%的速度变化进行移动。

"手摇"也是控制机床刀架运动的一种方式,通过手摇脉冲轮可以精确地控制刀具运动的距离,按键"×1""×10"和"×100"分别表示按脉冲增量0.001,0.01和0.1 mm移动。旁侧的"X""Z"长按钮是对手摇进行方向轴转换的。

"编辑"通过与功能键的"PROG"配合使用,可以对程序进行建立、保存、修改和调用。

"MDI"的全称是手动直接输入(manual direct input),也通过与功能键的"PROG"配合使用,直接输入指令来控制机床的运动,但所编辑的指令不能被保存。

"自动",准备开始执行程序时,按下此键表示准备完成,然后通过"循环启动"键,开始自动运行。

"进给速率",当此程序运行时,通过调节旋钮的倍率可以控制程序中F(合成进给速度)的大小。

"单段",执行此程序时,以"EOB"分号为暂停单位,继续执行通过"循环启动"键,单步的进行。

"空运行",不按给定的速率执行程序,以快速的倍率去运行指令,一般在程序仿真时使用。

"跳选"程序执行时,在程序头遇到"/"时,跳过而不去执行。

"锁住"表示锁住了刀具的运动,X、Z两坐标轴将不能移动。

"回零"使各坐标轴回到机床坐标系下的原点位置,即机床的参考点。

操作键盘由数字/字母键和功能键组成,其具体含义如表12-3所示。

表12-3 操作键盘各键的功能

按键	名称	功能说明
	地址和数字键	输入字母、数字和其他字符
RESET	复位键	程序复位、报警解除等
INPUT	输入键	除程序编辑以外的字母和数字的写入
PAGE	页面变换键	用于CRT中选择上、下的页面
POS	位置显示键	在CRT上显示刀具在不同坐标系下的坐标值
PROG	程序键	用于程序编辑
OFS/SET	参数设置	刀具偏置值和宏程序变量设定
SYSTEM	参数信息键	显示系统参数信息
MESSAGE	报警信息键	显示报警的原因
CSTM/GR	辅助图形	图形显示功能,用于程序轨迹仿真
ALTER	替代键	用输入区的数据替代光标所在的数据
DELETE	删除键	删除光标所在的数据
INSERT	插入键	用输入区的数据插入到当前光标之后的位置
CAN	取消键	取消输入区的数据

| EOB | 分号键 | 结束一行程序的输入并换行 |
| SHIFT | 转换键 | 转换键盘上大小字体 |

12.4.2 机床基本操作

(1) 启动机床

自动加工时,松开急停旋钮,按绿色启动按钮。

(2) 机床回参考点

按"回零"键,按"手动"键,同时应按下"+X"键,此时 X 轴将回原点,X 原点灯将变亮。同理,Z 原点灯也变亮。

(3) 手动连续移动刀具位置

工作方式按为"手动"键,"手动按钮"点亮,可以点按 ±X、±Z,从而控制刀具沿各轴的移动。

(4) 手摇脉冲方式移动坐标轴

需要精确调节机床时,可使用手摇脉冲方式,根据移动距离,选择速度变化的脉冲当量。

(5) 主轴转动

机床刚开机,通过 MDI 方式启动主轴,按规定的速度正、反转,之后可直接按"正转或反转"启动主轴。

(6) 刀架转动

通过 MDI 方式,输入刀具号后按系统启动键进行换刀。

12.5 数控车削加工实习安全技术

数控车削加工实习中要特别注意下列安全事项及操作规程:

(1) 操作机床时应穿好工作服、安全鞋,戴好安全帽及防护镜。严禁戴手套操作机床。

(2) 使用的刀具应与机床允许的规格相符,有严重破损刀具要及时更换。

(3) 调整刀具所用工具不要遗忘在机床内。

(4) 检查卡盘夹紧工件的状态。卡盘扳手是否取下,机床变速手柄是否在正确的位置上。

(5) 机床开动前,必须关好机床防护门。

(6) 铁屑必须要用铁钩子或毛刷来清理。

(7) 禁止用手或其他任何方式接触正在旋转的主轴、工件或其他运动部位。

(8) 加工过程中禁止测量工件、用棉纱擦拭工件及清扫机床。

(9) 车床运转中操作者不得离开岗位,机床发现异常立即停车。

(11) 在加工过程中,不允许打开机床防护门。

(12) 学生必须在完全清楚操作步骤的情况下进行操作。

(13) 手动回零时,注意机床每个轴位置要距原点 100 mm 以上。

(14) 使用手轮或快速移动方式移动各轴位置时,一定要看清机床 X、Y、Z 轴各方向"+、-"号标牌后再移动。

(15)学生编完程序或将程序输入机床,确保准备无误后才能进行机床试运行。

(16)自动加工前应准确对刀,检查机床各个功能按键的位置是否正确。

(17)在程序运行中须暂停测量工件尺寸时,要待机床完全停止,主轴停转后方可进行测量,以免发生人身伤害事故。

(18)关机操作要等主轴停转 3 min 后方可进行,依次关掉机床操作面板上的电源和总电源。

训练项目实例

1. 精加工实例

如图 12-10 所示,根据零件结构及尺寸要求,编写精加工程序。

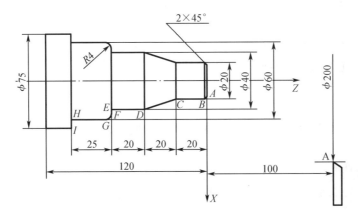

图 12-10 精加工编程实例(单位:mm)

(1)分析

①零件毛坯为 $\phi75 \times 120$ 的圆棒料,已进行粗加工,各部分的余量较均匀。

②零件外形轮廓主要由圆柱面、圆锥面、圆角组成,尺寸精度要求为自由公差,比较容易加工。

③精加工,加工路线沿工件外轮廓连续切削。

④建立工件坐标系,位置如图,确定对刀点的位置 X200,Z100。

⑤倒角加工:一般刀具加工时应在轮廓的延长线外多切入一点,对于倒角加工,刀具应沿倒角的延长线方向多切 2 mm 左右,因倒角是一个小的锥面,因而延长后 X 向的坐标经计算,切削起点为(X12,Z2),其余各基点坐标可根据图纸上的尺寸标注直接计算出。

(2)程序编制

O0005;

N0010　T0101; 　　　　　(调用 01 号刀具;01 号刀补寄存器;建立工件坐标系)

N0020　G00 X200 Z100; 　(刀具快速移动到该点)

N0030　M03　S1; 　　　　(主轴正转低转速)

N0040　G00　X12　Z2; 　　(刀具快速运动到该切削起点)

N0050　G01　X20　Z-2　F0.2; (刀具沿斜线切入并倒角至 B 点)

N0060　G01　X20　Z-20; 　　(切削圆柱面至 C 点)

N0070	G01	X40	Z−40;		（切削圆锥面至 D 点）
N0080	G01	X40	Z−60;		（切削圆柱面至 E 点）
N0090	G01	X52	Z−60;		（切削端面至 F 点）
N0100	G03	X60	Z−64	R4;	（切削圆弧至 G 点）
N0110	G01	X60	Z−85	F0.15;	（切削圆柱面至 H 点）
N0120	G01	X80	Z−85;		（切削出 I 点）
N0130	G00	X200	Z100;		（退刀远离工件）
N0140	M05;				（主轴停止转动）
N0150	M30;				（程序结束，返回程序的开始）

%

2. G71 外径粗车循环实例

如图 12−11 所示，在数控车床上使用 FANUC−0i T 系统编程进行加工。要求循环起始点在 A (46,3)，切削深度为 1.5 mm（半径量）。退刀量为 1 mm，X 方向精加工余量为 0.4 mm，Z 方向精加工余量为 0.1 mm，其中点划线部分为工件毛坯。

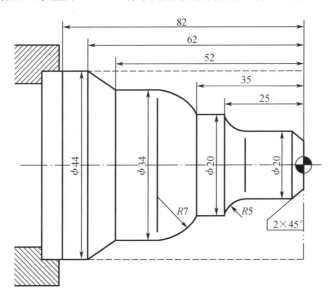

图 12−11 G71 外径粗车循环编程（单位：mm）

O1007;

N10 T0101;   （建立坐标系）

N20 M03 S1;   （主轴以 750 r/min 正转）

N25 G00 X100 Z50;   （快速定位至一点）

N30 G00 X46 Z3;   （刀具到循环起点位置）

N35 G71 U1.5 R1;

N40 G71 P50 Q130 U0.4 W0.1 F0.3;

N50 G00 X2;

N55 G00 Z2;

N60 G01 X10 Z−2 F0.2;   （精加工 2×45°倒角）

N70 Z-20;　　　　　　　　　　　　（精加工Φ10外圆）
N80 G02 X20 Z-25 R5;　　　　　　（精加工R5圆弧）
N90 G01 W-10;　　　　　　　　　（精加工Φ20外圆）
N100 G03 U14 W-7 R7;　　　　　　（精加工R7圆弧）
N110 G01 Z-52;　　　　　　　　　（精加工Φ34外圆）
N120 U10 W-10;　　　　　　　　　（精加工外圆锥）
N130 W-20;　　　　　　　　　　　（精加工Φ44外圆,精加工轮廓结束行）
N135 G70 P50 Q130;
N140 G00 X50;　　　　　　　　　　（退出已加工面）
N150 X80 Z80;　　　　　　　　　　（退刀）
N160 M05;　　　　　　　　　　　　（主轴停）
N170 M30;　　　　　　　　　　　　（主程序结束并复位）
%

3. G73 闭环仿形粗车循环实例

如图12-12示,在数控车床上使用FANUC-0i T系统编程进行加工。设切削起始点在 A(50,5);X、Z方向粗加工余量分别为3 mm、0.9 mm;粗加工次数为3;X、Z方向精加工余量分别为0.6 mm、0.1 mm。其中点划线部分为工件毛坯。

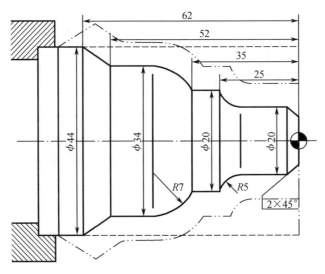

图12-12　G73闭环仿形粗车循环编程实例(单位:mm)

O1009;
N10 T0101;　　　　　　　　　　　（建立坐标系）
N20 M03 S1;　　　　　　　　　　（主轴以750 r/min 正转）
N30 G00 X50 Z5;　　　　　　　　（到循环起点位置）
N35 G73 U3 W0.9 R3;
N40 G73 P50 Q130 U0.6 W0.1 F0.25;
N50 G00 X2 Z2 S3;
N60 G01 X10 Z-2 F0.15;

N70 Z－20；
N80 G02 U10 W－5 R5；　　　　　　　　（精加工 *R*5 圆弧）
N90 G01 Z－35；　　　　　　　　　　　（精加工 *Φ*20 外圆）
N100 G03 U14 W－7 R7；　　　　　　　（精加工 *R*7 圆弧）
N110 G01 Z－52；　　　　　　　　　　（精加工 *Φ*34 外圆）
N120 U10 W－10；　　　　　　　　　　（精加工锥面）
N130 U10；　　　　　　　　　　　　　（退出已加工表面，精加工轮廓结束）
N135 G70 P50 Q130；
N140 G00 X80 Z80；　　　　　　　　　（返回程序起点位置）
N150 M30；　　　　　　　　　　　　　（主轴停、主程序结束并复位）
%

复习思考题

1. 数控车床结构包括哪几部分？
2. 数控车床的编程特点是什么？
3. 你认为数控车床操作时,最容易出现危险的是哪里？
4. 编制如图 12－13 所示阶梯轴零件的加工程序。
5. 编制如图 12－14 所示综合样件的加工程序。

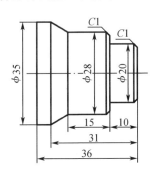

图 12－13　题 4 图（单位：mm）

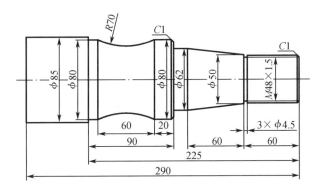

图 12－14　题 5 图（单位：mm）

第13章 数控铣削加工

13.1 概 述

在市场与技术竞争激烈的环境下,高质量、高效益和多品种小批量的柔性生产方式,是现代制造企业生存与发展的必要条件。1952年麻省理工学院研制出第一台三坐标数控铣床。数控铣床是在普通铣床上集成了数字控制系统,可以在程序代码的控制下较精确地进行铣削加工的机床。

数控铣床能够进行外形轮廓铣削、平面或曲面型腔铣削及三维复杂型面的铣削,主要用于加工板类、盘类、壳体类、模具类等形状复杂零件。另外数控铣床还可完成铣槽、铣平面、铣曲面、铣螺旋线、钻孔、扩孔、铰孔、镗孔和攻螺纹等多种加工。

数控铣床常规加工可采用通用夹具和工艺装备,从而缩短生产准备时间,节约工艺装备。数控铣床具有铣床、镗床和钻床的功能,加工过程当中可以集中工序加工,减少工件装夹次数,减小装夹误差,提高加工精度和生产效率。另外,与传统机床比较,数控铣床加工过程当中的切削参数选择更加方便快捷,大大缩减了辅助时间。

13.2 数控铣床的结构

数控铣床分为立式和卧式两种类型,使用最广泛的数控铣床一般指立式数控铣床。常用的数控铣床规格较小,配置 FANUC-0i 数控系统,其工作台宽度在 400 mm 以下,为三坐标联动立式数控铣床。

数控铣床主要由机械系统和数控系统两部分组成,如图 13-1 所示。数控机床的工作过程如图 13-2 所示。机械系统部分与普通立式铣床结构基本一样,机床主要由床身、立柱、主轴箱、工作台、传动系统,以及电柜、冷却装置、润滑装置、操作装置等辅助装置组成。机床具有良好的刚性,主轴的变速范围较广,低转速扭矩较大,可进行强力高速切削;各轴的伺服电机经弹性联轴器直接驱动滚珠丝杠实现无间隙传动;各运动副均有润滑装置,以保证各部件的润滑。

第13章 数控铣削加工

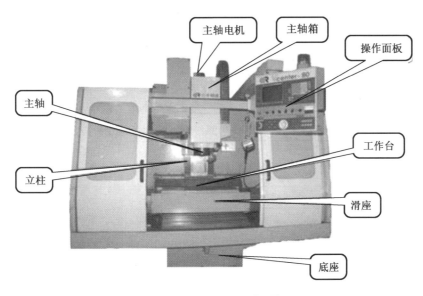

图 13-1 立式数控铣结构

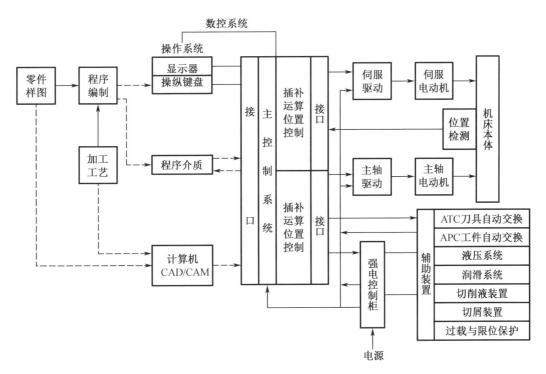

图 13-2 数控机床的主要组成部分与基本工作过程

13.3 基于 FANUC – 0i 数控铣床加工程序的编制

13.3.1 程序中指令代码的含义与说明

1. 常用 FANUC 系统 G 代码指令如表 13-1 所示。

表 13-1 FANUC – 0i 系统 G 代码指令一览表

G 代码	组别	功能	程序格式及说明
G00	01	快速定位	G00 X_ Y_ Z_;
G01		直线插补（切削进给）	G01 X_ Y_ Z_ F_;
G02		顺圆弧插补	G02 /G03 X_ Y_ R_ F_;
G03		逆圆弧插补	G02/G03 X_ Y_ I_ J_ F_;
G04	00	暂停	G04 X1.5 或 G04 P1500;
G28		返回参考点	G28 Z_ X_ Y_;
G40	07	取消刀具半径补偿	G40;
G41		刀具半径左补偿	G41 G01 X_ Y_ D_;
G42		刀具半径右补偿	G42 G01 X_ Y_ D_;
G43	08	刀具长度补偿	G43 G01 Z_ H_;
G49		取消刀具长度补偿	G49;
G50	11	取消比例缩放/镜像	G50;
G51		比例缩放有效	G51 I_ J_ K_ P_;
G51.1	22	可编程镜像有效	G51.1 X_ Y_;
G54~G59	14	选择坐标系 1~6	
G74	09	攻左螺纹循环	G74 X_ Y_ Z_ R_ P_ F_;
G80		取消固定循环	G80;
G81		钻孔、锪孔、镗孔循环	G81 X_ Y_ Z_ R_ F_;
G84		攻右螺纹循环	G84 X_ Y_ Z_ R_ P_ F_;
G90	03	绝对值编程	G90 G01 X_ Y_ Z_ F_;
G91		增量值编程	G91 G01 X_ Y_ Z_ F_;
G92	00	设定工件坐标系	G92 X_ Y_ Z_;
G94	05	每分钟进给	mm/min
G95		每转进给	mm/r
G98	10	固定循环返回初始点	G98 G81 X_ Y_ Z_ R_ F_;
G99		固定循环返回 R 平面	G99 G81 X_ Y_ Z_ R_ F_;

2. 其他常用功能 M、S、T、F 代码指令

数控铣床编程中的 M、S、T、F 指令和数控车床中的用法基本相同，在铣床编程的数控系

统中 F 进给速度的默认单位是 mm/min，可以通过 G94 和 G95 指令进行转换，而且 S 指令后面的转速数值在这里通过面板上的倍率旋钮进行调节，这些和数控车编程是不同的。

13.3.2 常用基本指令和程序介绍

1. 建立工件坐标系 G54~G59

(1) 指令格式

G54；

(2) 说明

通过此指令来设定工件坐标系的原点在机床坐标系下的绝对坐标值，将这些坐标值通过机床面板输入到机床的存储器中（G54~G59），这种方法设定的工件坐标系，只要不对其进行修改、删除操作，即使机床关机，也会保留数据。通常情况下，G54 指令和 G00/G01 指令一起运用，如 **G90 G54 G00 X0 Y0；**（利用绝对坐标编程，建立工件坐标系，快速定位至工件坐标系下的(0,0)点位置）。

2. 工件坐标系设定 G92

(1) 指令格式

G92 X_ Y_ Z_；

(2) 说明

其中 X、Y、Z 为刀具当前位置相对于新设定的工件坐标系的新坐标值。实际上由刀具的当前位置及 G92 指令后的坐标值反推得出。此指令不具有记忆功能，当机床关机后，设定的坐标系即消失，因此新的系统大都不采用 G92 设定工件坐标系。

3. 绝对坐标与相对坐标编程 G90、G91

(1) 指令格式

G90； 或 **G91；**

(2) 说明

G90 为绝对坐标编程，每个编程指令的坐标值都是相对于工件坐标系原点而言的。G91 为增量值编程，每个坐标值是相对于前一位置的。G90 为系统的默认状态。

4. 快速定位 G00

(1) 指令格式

G00 X_ Y_ Z_ ；

(2) 说明

主要功能和数控车床编程在大体上相似，但这里是三个坐标值，初学者在编写程序段时应按 **G00 X_ Y_；** 或 **G00 Z _；** 的形式编写，目的是避免刀具在沿 Z 轴负方向运动时与工件产生碰撞。

5. 直线插补 G01

指令格式

G01 X_ Y_ F_；G01 Z_ F_；

6. 圆弧插补 G02/G03

(1) 指令格式

G02 /G03 X_ Y_ R_ F_； 或 **G02/G03 X_ Y_ I_ J_ F_；**

其中 X、Y 为坐标值，可按绝对和增量两方式编程；R 为圆弧半径，当插补圆弧小于等于

180°时,用正号表示。相反,则用负号表示;I、J 为圆弧起点向圆心的向量在各坐标轴上的投影矢量。

(2)说明

G02 和 G03 分别表示顺、逆时针圆弧插补。判断方法为:在直角坐标系中,从垂直于圆弧所在平面轴的正向往负向看,G02 为顺圆弧,03 为逆圆弧。在加工整圆时,只能使用 I、J 来进行编程。

例:使用 G02/G03 按图 13-3 所示整圆编程。

从 A 点顺时针一周指令格式:

G90 G02 X30 Y0 I-30.0 J0 F100;

G91 G02 X0 Y0 I-30.0 J0 F100;

从 B 点逆时针一周:

G90 G03 X0 Y-30 I0 J30.0 F100;

G91 G03 X0 Y0 I0 J30 F100;

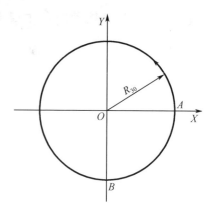

图 13-3 整圆编程

7. 刀具半径补偿 G41/G42/G40

数控铣床进行轮廓加工时,刀具中心和工件轮廓不重合,如果按刀心编程轮廓,其计算相当复杂,尤其当刀具磨损、重磨而改变刀具直径时,需重新计算轨迹,比较烦琐。当具有刀具半径补偿功能后,只需按轮廓编程,然后使刀具偏离一个半径量,即进行刀具半径补偿。

(1)指令格式

G41/G42 G01 X_ Y_ D_ F_;

G40 G01 X_ Y_ F_;

其中,G41 为刀具半径左补偿;G42 为刀具半径右补偿;G40 为取消刀具半径补偿;X、Y 为 G01 的参数;D 为 G41/G42 的参数($D01$,$D02$,…),即刀具补偿寄存器号,存放着刀具补偿的数值。

(2)说明

G41 和 G42 的判断方法是,沿着刀具进给运动的方向看,刀具中心向编程轨迹的左侧偏离时,称为刀具半径左补偿;刀具中心向编程轨迹的右侧偏离时,称为刀具半径右补偿,如图 13-4 所示。

(3)刀具半径补偿的过程

①刀补建立

刀补的建立是指刀具从起点接近工件时,刀具中心从与编程轨迹重合过渡到与编程轨迹偏离一个偏置量的过程。该过程必须有 G00/G01 才能有效。

②刀补进行

在 G41 或 G42 程序执行后,就进入了补偿模式,刀具与轨迹始终偏离一个数值,直到刀补取消。

③刀补取消

刀具离开工件,刀具中心轨迹过渡与编程轨迹重合的过程为刀补取消。通过 G40 指令来实现。如图 13-5 所示。

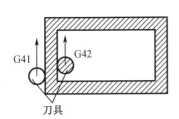

图 13-4 刀具半径补偿方向

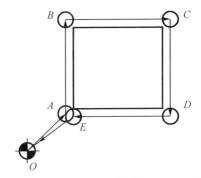

OA—刀补建立；*ABCDE*—刀补进行；*EO*—刀补取消。

图 13-5 刀具半径补偿过程

8. 刀具长度补偿 G43/G49

刀具长度补偿一般用于刀具在轴向（Z 方向）的补偿，它使刀具在 Z 方向上的实际位移量比程序给定值增加或减少一个偏置量，这样，当刀具在长度方向上的尺寸发生变化时，可以在不改变程序的情况下，通过改变偏置量，加工出所要求的尺寸。

(1) 指令格式

G43 G01 Z_ H_ F_;

G49 G01 Z_ F_;

其中，G43 为刀具长度偏置；G49 为取消刀具长度补偿；H 为 G43 的参数（H01，H02，…）即长度补偿寄存器，存放着长度补偿的数值。

(2) 说明

此功能多数在数控加工中心使用，由于加工中心带有刀库可以实现自动换刀，所以不同长度的刀具在加工相同表面的工件时 Z 值是不同的，在生产中习惯上利用 G43 来进行 Z 轴方向的对刀，把不同长度的刀具偏置值存放到 H01，H02，…寄存器中，在编程时对它们进行调用。（如：**G90 G43 G01 Z50 H01 F100;**）

例：加工如图 13-6 所示的零件外轮廓，采用刀具半径补偿指令进行编程。

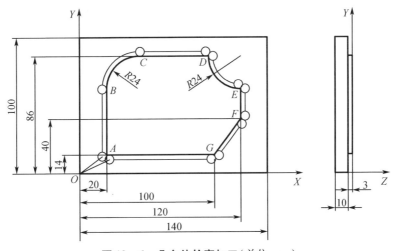

图 13-6 凸台外轮廓加工（单位：mm）

O0011;
N010　M03 S500;　　　　　　　　　　　　（主轴正转 500 r/min）
N020　G90 G54 G00 X - 15.0 Y - 10.0;　　（设定工件坐标系的 O 点,快速定位）
N030　G00 Z50.0;　　　　　　　　　　　　（刀具定位至(0,0,50.0)）
N040　Z2.0;　　　　　　　　　　　　　　　（刀具定位至(0,0,2.0)）
N050　G01 Z - 3.0 F50;　　　　　　　　　（刀具切削进给至深度 3 mm 处）
N060　G41 G01 X20.0 Y10.0 D01 F150;　　（建立刀具半径左补偿,补偿值存放在 D01）
N070　Y62.0;　　　　　　　　　　　　　　（直线插补至 B 点）
N080　G02 X44.0 Y86.0 I24.0 J0;　　　　（圆弧插补 $B-C$）
N090　G01 X96.0;　　　　　　　　　　　　（直线插补 $C-D$）
N100　G03 X120.0 Y62.0 I24.0;　　　　　（圆弧插补 $D-E$）
N110　G01 Y40.0;　　　　　　　　　　　　（直线插补 $E-F$）
N120　X100.0 Y14.0;　　　　　　　　　　　（直线插补 $F-G$）
N130　X15.0;　　　　　　　　　　　　　　　（直线插补 $G-$）
N140　G40 G01 X0 Y0 F150;　　　　　　　（取消刀具半径补偿 $-O$）
N150　G00 Z50.0;　　　　　　　　　　　　（抬刀）
N160　M05;　　　　　　　　　　　　　　　（主轴停转）
N170　M30;　　　　　　　　　　　　　　　（程序结束）
%

9. 孔加工固定循环

通常,数控加工中一个动作对应一个程序段,但对于钻孔、镗孔、攻螺纹等孔加工指令,可以用一个程序段完成孔加工的全部动作,简化编程。

初始平面:初始平面是为了安全下刀而规定的一个平面。初始平面到零件表面的距离可以任意设定在一个安全的高度上,当使用同一把刀具加工若干孔时,只有孔间存在障碍需要跳跃或全部孔加工完了时,才使刀具返回到初始平面上的初始点。

R 点平面:又叫作 R 参考平面,这个平面是刀具下刀时自快进转为工进的高度平面,距工件表面的距离主要考虑工件表面尺寸的变化,一般可取 2~5 mm。

孔底平面:加工盲孔时孔底平面就是孔底的 Z 轴高度,加工通孔时一般刀具还要伸出工件底平面一段距离,主要是保证全部孔深都加工到尺寸。钻削加工时还应考虑钻头钻尖对孔深的影响。

(1)程序段格式

(G90/G91)(G98/G99)G_ X_ Y_ Z_ R_ Q_ P_ F_ K;

程序段中参数含义如下:

G98 表示返回平面为初始平面;

G99 表示返回平面为安全平面;

G_为循环模式;

X_ Y_为孔的位置;

Z_为孔底位置;

R_为安全平面位置;

Q_为每次进给时的背吃刀量;

P_为在孔底暂停的时间;
F_为进给速度;
K_为固定循环的重复次数。

(2) 孔加工循环过程

孔加工循环过程的6个动作如图13-7所示。

①动作1为刀具在初始平面内快速定位到孔位置坐标,即起始点。

②动作2为刀具沿Z轴方向快进至安全平面,即R点平面。

③动作3为孔加工过程(如钻、扩、铰、镗等),此时以进给速度工作。

④动作4为孔底动作(如进给暂停、刀具移动、主轴暂停、主轴反转等)。

⑤动作5为刀具快速返回R点平面。

⑥动作6为刀具快退至起始高度。

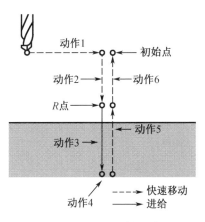

图13-7 孔加工循环过程

(3) 钻孔循环指令G81

①指令格式

G81 X_ Y_ Z_ R_ F_ K_;

其中,X、Y为孔的位置;Z为孔底平面的位置;R为指定R平面位置;K为重复次数。

②说明

在沿着X、Y轴定位以后,快速移动到R点。从R点到Z点执行钻孔加工,然后刀具快速移动退回。

(4) 取消固定循环指令G80

指令格式:

G80;

当固定循环不再使用时,应用G80指令取消固定循环,恢复到一般基本指令状态。此时固定循环指令中的孔的加工数据也同时被取消,一般和其他指令一起使用,如下列程序所示:

N010　　M06 T01;
N020　　G90 G54 G00 X0 Y0;
N030　　M03 S800;
N040　　G43 G00 Z200 H01;
N050　　G81 X32.5 Y56.29 R10 Z1.5 F50;
N060　　G00 G80 Z100;
N070　　G00 X0 Y0;
N080　　M30;

10. 子程序编程

子程序的概念:在一个加工程序的若干位置上,如果包含有一连串在写法上完全相同或相似的内容,为了简化程序可以把这些重复的程序段单独抽出,并按一定的格式编写成子程序,然后像主程序一样将他们存储到程序存储区中。主程序在执行过程中如果需要某一子程序,可以通过一定格式的子程序调用指令来调用该子程序,如图13-8所示。

(1)子程序调用 M98

指令格式:

M98 P_ _ _ _ L_ ;

其中,P_ 表示要调用程序的程序名;L_ 表示重复调用的次数。

(2)子程序结束 M99

指令格式:

M99;

子程序以 M99 结束,则执行完子程序后直接返回调用该子程序的下一个程序段去执行。

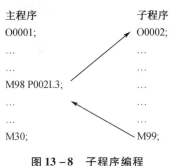

图13-8 子程序编程

13.4 数控铣床的操作

13.4.1 FANUC-0i 数控铣床的基本操作

1. 机床的操作面板

数控铣床的操作面板主要由 CRT 显示屏、操作按键面板、紧急停止按钮(EMERGENCY STOP)、外挂手摇脉冲轮、工作模式选择旋钮,以及主轴倍率、进给倍率旋钮等几部分组成,如图13-9所示。显示屏用来显示相关坐标位置、程序、图形、参数和报警等信息。数控系统操作部分由功能键、字母键和数值键等组成,可以进行程序、机床指令及参数等的输入和编辑。操作面板可以进行机床的运动控制、进给速度调整、加工模式选择、程序调试、起停控制等。

"POWER ON"和"POWER OFF"表示"系统启动"和"系统停止"是当机床上电后,对数控系统进行开启和关闭。

"EMERGENCY STOP"是紧急停止按钮,当机床出现突发事件和紧急情况时,拍下此按钮将会对整个机床掉电,停止一切的工作。

CRT 显示屏主要显示机床各轴当前坐标值、主轴速度、进给速度、加工程序、刀具和辅助信息等,便于操作者实时监控机床状态。如图13-10所示,"MODE SELECTION"表示"选择工作模式",具体含义如下:

"AUTO"即"自动",准备执行程序时按下此键表示准备完成,然后按"循环启动"键自动运行。

"EDIT"即"编辑",通过与功能键的"PROG"配合使用,可以对程序进行建立、保存、修改和调用。

"MDI"的全称是手动直接输入(manual direct input),也通过与功能键的"PROG"配合使用,直接输入指令来控制机床的运动,但所编辑的指令不能被保存。

"DNC"表示与外部数据进行交换,可以进行输入或输出。

"JOG"是控制机床运动的一种工作方式,主要目的是让刀具快速地接近或远离工件,以提高效率。当按下面板上 （快速键）时,点动 ±X、±Y 或 ±Z 六个按钮时,机床根据给定的 F0、25%、50% 或 100% 的速度变化进行移动。

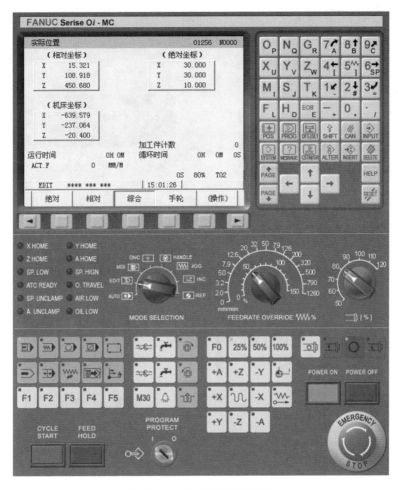

图 13-9　数控铣床操作面板

"HANDLE"也是控制机床刀架运动的一种方式,通过手摇脉冲轮可以精确地控制机床运动的距离,按键"×1""×10"和"×100"分别表示按脉冲增量 0.001,0.01 和 0.1 mm 移动。旁侧的"X""Y""Z"旋钮是对手摇进行方向轴转换的,如图 13-11 所示。

"REF"即"回参考点"使各坐标轴回到机床坐标系下的原点位置,即机床的参考点。如:按下"+Z"再按下面板上的 （回零）, Z 轴就按快速倍率返回参考点。如果三个坐标轴都回到参考点,机床面板上显示灯就会亮起,如图 13-12 所示。

图 13-10　工作模式选择旋钮

图 13-11　手摇脉冲外形　　　　图 13-12　机床参考点显示灯

"进给速率",当此程序运行时,通过调节旋钮的倍率可以控制程序中 F(合成进给速度)的大小,如图 13-13 所示。

"主轴倍率"当主轴按一定速度旋转时,通过调节旋钮可以改变转速的大小,如图 13-14 所示。

图 13-13　进给倍率旋钮　　　　图 13-14　主轴倍率旋钮

"单段",执行此程序时,以"EOB"分号为暂停单位,继续执行通过"循环启动"键,单步的进行。

"空运行",不按给定的速率执行程序,以快速的倍率去运行指令,一般在程序仿真时使用。

"跳选"程序执行时,在程序头遇到"/"时,跳过而不去执行。

"机床锁住"表示锁住了机床的运动,X、Y、Z 坐标轴将不能移动。

操作键盘由数字/字母键和功能键组成。

2. 机床的基本操作

(1) 启动机床

点击启动按钮,松开急停旋钮。

(2) 机床回参考点

旋钮至"REF",同时应按下"+X"和按键　　　,此时 X 轴将回原点,X 原点灯将变亮。

同理,Y、Z 原点灯也变亮。

(3) 手动连续移动坐标轴

旋钮至"JOG"键,进入 CRT 屏幕左下角将显示"JOG"模式。这时,可以点动 ±X、±Y、±Z,从而控制机床沿各轴的移动。

(4) 手摇脉冲方式移动坐标轴

需要精确调节机床时,可使用手摇脉冲方式。操作如下:

①旋钮至"HANDLE"键,进入手轮脉冲方式,CRT 屏左下角显示"HNDL"模式。

②根据移动距离,选择速度变化的脉冲当量;调节 X、Y、Z 旋钮进行坐标轴的切换。

③鼠标对准手轮,点击左键或右键,使机床精确的移动。

(5) 主轴转动

通过 MDI 方式启动主轴按规定的速度正、反转。

13.4.2 机床对刀

1. 用铣刀直接对刀

用铣刀直接对刀就是在工件已装夹完成并在主轴装入刀具后,通过手摇脉冲来移动工作台及主轴,使旋转的刀具与工件的前(后)、左(右)侧面及工件的上表面(图 13-15(a))做极微量的接触(产生切屑或摩擦声),分别记下刀具在此处的(机械)坐标值(或相对坐标值),经计算后设定工件坐标系。操作如下:

(1) 在 MDI 方式下,输入 **M03 S300**,按"循环启动",使主轴的运动手动操作。

(2) 移动刀具接近工件,当接近图 13-5(b)所示 1 位置时,手摇倍率选择"×10"或"×1"档,一格一格转动手摇轮,观察有无切屑(有切屑马上停止脉冲进给)或注意声音(听见"嚓嚓"声)。

(3) 按下"POS"键,进入坐标显示窗口,记下此时 X 轴机床坐标或将 X 的相对坐标清零。主轴上升到一定高度,按上述方法移动到图 13-5(b)所示 2 位置,记下 X 轴在相对坐标中移动的距离,数值的一半就是 X 轴的原点,同理,3,4 位置在 Y 轴也可以找到原点。

(4) 使刀具接近 XOY 平面,即工件上表面,待快逼近时一格一格转动,当发现有切屑或观察到工件表面被加工一个圆圈时停止进给(也可以在刀具正下方的工件上贴一小片浸湿的纸片,纸片可以用千分尺测量,当刀具把纸片转飞时),记下此时的 Z 轴机床坐标值(用纸片时应在此坐标值的基础上减去纸片厚度)。

(5) 设定工件坐标系 G54~G59

①单击键盘中的"OFS/SET"键,并单击软键[工件系],弹出如图 13-16 所示的

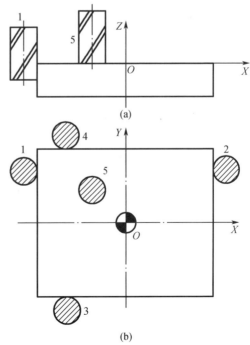

图 13-15 用铣刀直接对刀

窗口。

②将计算得到的 X、Y、Z 值依次输入到 G54 下,完成工件坐标系的设定。也可输入相对坐标系下的坐标值使用[测量]功能进行计算。

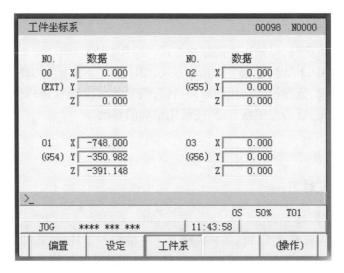

图 13-16　工件坐标系参数窗口

2. 采用基准工具对刀

(1)将基准工具按图 13-17 安装到主轴上,移动各坐标轴,使基准工具与零件靠近。

(2)选择塞尺厚度,如 0.1 mm,将其放置在基准工具与零件之间,如图 13-18 所示。

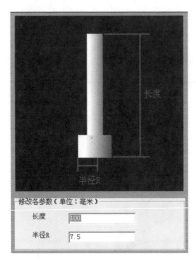

图 13-17　基准工具

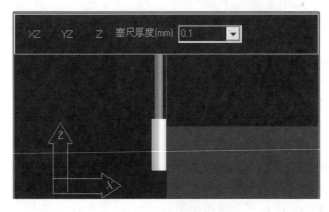

图 13-18　加工塞尺

(3)使用手轮的"X"档调节进给旋钮精确的移动,当接触后适当调节松紧度合适为止。

(4)记下塞 CRT 界面中的 X 坐标值,此值为基准工具中心的 X 坐标,记为"X1",将零件的长度定义为"X2",塞尺厚度为 0.1 mm,基准工具直径为 15 mm。则工件中心在机床坐标系下的 X 坐标为:X = X1 + X2/2 + 0.1 + 7.5,Y 方向对刀也采用同样的方法,坐标记为"Y"。

(5)对于 Z 轴对刀,同理,使用塞尺,主轴沿 Z 轴负向运动靠近工件,当接触后适当调节松紧度合适为止,则工件上表面中心的 Z 坐标值为:Z = Z1 - 0.1。

13.4.3 刀具补偿参数

铣床的刀具补偿包括刀具的半径补偿和长度补偿。

1. 输入半径补偿参数

FANUC - 0iMC 的刀具半径补偿有外形(D)和磨损(D)两种。在前面我们已经介绍了 G41、G42 等刀具补偿指令,其中 G41/G42 指令中的 D01,D02,…表示刀具补偿存放的位置。

(1)单击键盘中的"OFS/SET"键,并按软键[设定],进入如图 13 - 19 所示的参数补偿界面。

(2)使用方向键选择所需的 NO.(即 D 后面的数字号)确定设定的半径补偿是形状还是磨损,将黄色的光标移动到相应的区域。

(3)通过键盘上的数字/字母键输入我们需要的数据。

(4)按键盘的"INPUT"或软键"输入"键,将数值输入到指定区域中。

注:这里的单位统一为 $1\mu m$,如半径补偿为 5 mm,即输入"5.0";若输入"5",则系统默认为"0.005"。

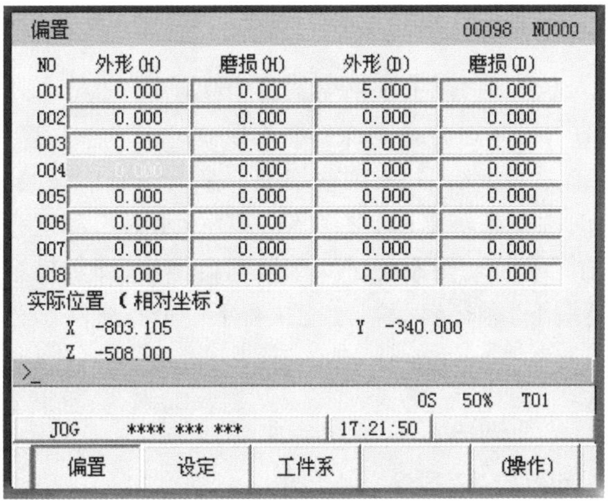

图 13 - 19 刀具补偿参数表窗口

2. 输入长度补偿参数

在 FANUC - 0iMC 系统中,G43 指令中 H01,H02,…其中的 01,02,…就是存储长度补偿数值的。如图 13 - 19 所示,长度补偿参数中包括外形(H)和磨损(H)。

对于加工中心来说,如果需要自动换刀功能,必然在刀库中要安放多把长度尺寸不同的刀具,所以有时为了编程方便,在加工前机床回参考点后,将 G54 中的 Z 值设定为零,即零参考刀补。分别对刀具进行 Z 轴方向的对刀,从而得到机床坐标系下的 Z 值,将其分别存放到外形 H01,H02,…中,最终通过指令 G43 进行调用。也就是说将工件坐标系的原点 Z0 设定在机床坐标系的 Z0 处,当取消长度补偿时,Z 值必须为 0 或负值,否则主轴会出现超程。

13.4.4 自动运行操作

1. 机床锁住及空运行操作

对于已经输入到内存中的程序,可以采用机床锁住及空运行操作,通过系统的图形轨迹显示功能,发现程序中存在的问题。

(1)打开程序,在所有换刀指令段前加入跳步标记"/"(由于机床锁住,系统无法换刀,遇到指令段就停止跳过)。

(2)按下"AUTO""机床锁住""空运行""跳步"(也可同时按下"Z轴锁""辅助功能锁"),反进给速度旋钮至120%。

(3)打开图形仿真显示。

(4)按"循环启动"键,执行程序。

(5)运行完毕后,需重新执行返回参考点操作。

2. 内存中程序的运行操作

程序已事先存储到内存中,当选择了这些程序中的一个并按下"循环启动"后,程序自动运行。操作过程如下:

(1)打开或输入加工程序。

(2)在工件已校正与坐标轴的平行度后夹紧,对刀、设置工件坐标系,装上刀具后,按下"AUTO"。

(3)把进给倍率旋至较小值,把主轴倍率旋至100%。

(4)按下"循环启动",机床进行自动操作状态。

(5)开始切削后逐渐调大进给倍率,观察切削下来的切屑情况及机床的振动情况,调整到适当的进给速度(同时调整主轴倍率)。图13-20所示为自动运行时的显示页面。在自动运行过程中,如果按下"单段",则系统进入单段运行操作,即数控系统执行完一个程序段后,停止进给,必须重新按下"循环启动",才能执行下一个程序段。

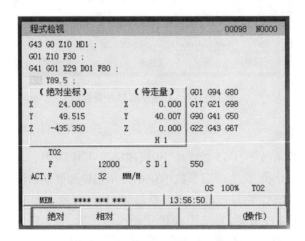

图13-20 自动运行时程序界面

13.4.5 关机操作

(1)取下加工好的工件,清理切屑,启动排屑装置。
(2)取下主轴上的刀柄和刀具,若有刀库也应取下刀具(防止机床受力变形)。
(3)使工作台处于比较中间的位置,主轴尽量处于较高的位置。
(4)按下面板数控系统的"OFF"按钮,关闭机床后面的电源开关,切断外部总电源。

13.5 数控铣削加工实习安全技术

(1)学生进入数控铣削实习车间要穿工作服、袖口扎紧;女同学必须戴帽子,长发纳入帽内;禁止穿高跟鞋、裙子;禁止戴手套操作机床。
(2)操作前认真听课熟悉机床按钮和操作注意事项。
(3)学生编完程序必须经指导教师确认后方可使用。将程序输入机床后,须先进行图形模拟,准确无误后再进行试运行。
(4)观看演示和操作的同学应保持距离,禁止触碰操作面板。
(5)测量工件尺寸时,要等机床停止后方可进行,以免发生刀具伤人事故。
(6)加工过程中不要清除切屑,停机清理切屑要使用工具,防止划伤手臂。

训练项目实例

1. 实例一

加工图 13-21 所示的零件。工件材料为铝合金,根据图形编写加工程序,工件坐标系的原点设定在中心交线处,上表面为 Z 平面。采用直径为 5 mm 的键槽铣刀,其中方槽的深度为 1 mm,圆槽的深度为 2 mm,外轮廓厚度为 3 mm。

```
O1100;
N010    G90 G54 G00 X0 Y0;
N020    M03 S800;
N030    G00 Z20.0;
N040    G00 X40.0 Y0;
N050    Z2.0;
N060    M98 P1010;
N070    G00 Z2.0;
N080    X15.0 Y0;
N090    M98 P1020;
N100    G00 Z2.0;
N110    X80.0 Y-80.0;
N120    M98 P1030;
N130    G00 Z20.0;
N140    X0 Y0;
N150    M30;
```

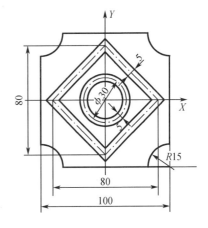

图 13-21 实例一(单位:mm)

%
O1010;
N010　G01 Z-1.0 F100;
N020　X0 Y-40.0;
N030　X-40.0 Y0;
N040　X0 Y40.0;
N050　X40.0 Y0;
N060　M99;
%
O1020;
N010　G01 Z-2.0 F150;
N020　G02 X15.0 Y0 I-15.0 J0;
N030　M99;
%
O1030;
N010　G01 Z-3.0;
N020　G41 G01 X60.0 Y-50.0 F100 D01;
N030　X-35.0;
N040　G03 X-50.0 Y-35.0 R15.0;
N050　G01 Y35.0;
N060　G03 X-35.0 Y50.0 R15.0;
N070　G01 X35.0;
N080　G03 X50.0 Y35.0 R15.0;
N090　G01 Y-35.0;
N100　G03 X35.0 Y-50.0 R15.0;
N110　G40 G01 X80.0 Y-80.0;
N120　M99;
%

2.实例二

编制图13-22所示工件的数控加工中心程序。

(1)确定工艺路线。首先根据图样要求按先主后次的加工原则,确定工艺路线。

①铣削φ80 mm的内孔
②铣削工件外轮廓。

(2)选择刀具,确定工件原点。根据加工要求需选用3把刀具,1号刀选用φ20 mm铣刀,2号刀为中心钻,3号刀为φ20 mm钻头。此实例中工件原点位于工件上表面中心。

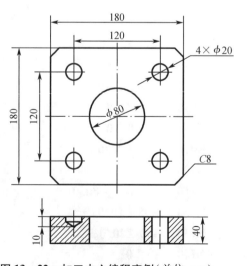

图13-22　加工中心编程实例(单位:mm)

(3)确定切削用量。

①加工内孔与外轮廓:主轴转速 1 000 r/min,进给速度 150 mm/min。

②钻孔:主轴转速 2 000 r/min,进给速度 150 mm/min。

O0001;

N010 M06 T01;   （换刀）

N010 G00 G90 G54 Z300;N020 G00 X0 Y0;（定位）

N040 G43 H01 Z5.0 M03 S1000;   （执行 1 号长度补偿,主轴正转转速为 1 000 r/min）

N050 G00 Z0;

N060 G01 Z-40.0 F200;

N065 G01 G42 D01 X-40.0 F400;   （执行半径右补偿）

N070 G02 I40.0 J0 F150;   （铣削 ϕ80 mm 的内孔）

N080 G00 Y0 G40;   （取消半径补偿）

N090 Z100.0;

N100 G00 G90 G54 X-110.0 Y-100.0;

N110 Z-42.0;

N120 G01 G41 D01 X-90.0 F150;   （执行半径左补偿）

N130 Y82;   （铣削工件外轮廓）

N140 X-82.0 Y90.0;

N150 X82.0;

N160 X82.0 Y90.0;

N170 X-82.0;

N180 X82.0 Y-90.0;

N190 X-82.0;

N200 G00 Z100.0;

N210 G00 G40 X82.0;   （取消半径补偿）

N220 G91 G30 X0 Y0 Z0;   （机床返回换刀点,选择 2 号刀）

N230 M06 T02;   （换刀）

N240 G00 G90 G54 X-60.0 Y-60.0; （快速定位到钻孔位置）

N250 G43 H02 Z10.0 M03 S2000; （执行 2 号长度补偿,主轴正转转速为 2 000 r/min）

N260 G99 G81 Z-3.0 R5 F150;   （钻孔）

N270 Y60.0;

N280 X60.0;

N290 Y-60.0;

N300 G00 G80 Z100.0;   （取消钻孔循环）

N310 G91 G30 X0 Y0 Z0;   （机床返回换刀点,选择 3 号刀）

N320 M06 T03;   （换刀）

N330 G00 G90 G54 X-60.0 Y-60.0; （快速定位到钻孔位置）

N340 G43 H03 Z10.0 M03 S2000; （执行 3 号长度补偿,主轴正转转速为 2 000 r/min）

N350 G99 G81 Z-12.0 R3 F15;   （钻孔）

N360 Y60.0;

N370 X60.0 Z-42.0;
N380 Y-60.0;
N390 G00 G80 Z100.0;   （取消钻孔循环）
N400 G00 G28 Y0;   （机床返回参考点）
N410 M30;   （程序结束）
%

复习思考题

1. 数控铣削适用于哪些加工？
2. 刀具半径补偿指令有几种，含义是什么？
3. 什么是刀具半径补偿？刀具半径补偿的作用是什么？
4. 子程序指令的含义及使用方法有哪些？
5. 数控铣削对刀方式有哪几种？

第14章 电火花线切割加工

14.1 概 述

14.1.1 电火花加工的概念

电火花加工是与机械加工性质完全不同的一种新工艺、新技术,它能适应生产发展的需要,并在应用中显现出很多优异的性能。电火花成形加工又称放电腐蚀加工(electrical discharge machining,EDM),它是在加工过程中,使工具和工件之间不断产生脉冲性的火花放电,利用放电时在局部瞬时产生的高温把金属蚀除下来。因在放电过程中可见到火花,故称之为电火花加工。

14.1.2 电火花加工的分类

电火花加工有多种分类方法,按工具电极和工件的相对运动方式和用途可分为:电火花成形加工、电火花线切割加工、电火花磨削和镗磨、电火花铣削加工和电火花表面强化与刻字等。前几种电火花加工用于改变零件的形状和尺寸,最后一种主要用于改善零件的表面性质。上述加工方法中应用最广泛的是电火花线切割加工和电火花成形加工。

14.1.3 电火花加工的三个必要条件

(1)在加工过程中,工具电极与工件的被加工表面要始终保持一定的放电间隙。工具电极以自动跟踪方式完成与工件的相对运动,根据不同的加工要求放电间隙可保持在几微米至几百微米。

(2)要具备脉冲电源并输出单向脉冲电流。其脉冲电流幅值、脉冲宽度、脉冲间隙等参数可依据粗加工、半精加工、精加工的电规准进行调节。

(3)电火花放电要在具有一定绝缘性能的液体介质中进行。常用的液体介质是煤油。液体介质的三个作用是:电离和消电离;利用液体的流动效应冲刷并排除蚀除金属;冷却工具电极和工件加工表面。

14.1.4 电火花线切割的产生

电火花线切割加工(Wire Cut EDM,简称WEDM),是比较常用的特种加工方法之一。在特种加工中它又属于电火花加工的一类,是在电火花加工基础上,使用线状电极和工件之间进行脉冲放电产生电火花对工件进行切割,故称为电火花线切割。它是20世纪50年代末在苏联发展起来的一种新的工艺形式,在机械加工中获得广泛应用,目前国内外的电火花线切割机床已占电加工机床的70%以上。

14.1.5 我国电火花线切割机床的发展

20世纪60年代初,中国科学院电工研究所研制成功我国第一台靠模仿形线切割机床,能够切割尺寸精小、形状复杂、材料特殊的冲模和零件;1963年上海电表厂工程师张维良创新性地研制出第一台高速走丝简易数控线切割样机,获得国家发明创造奖;1967—1968年间,上海复旦大学与上海交通电器厂联合研制成功了"复合型高速走丝电火花数控线切割机床,形成了我国特有的线切割机床品种,是当时生产中应用面最广、数量最大的数控电加工机床。

20世纪90年代,计算机技术"雪崩式"地发展,更加推动了电火花加工技术的进步,特别是在加工精度、加工质量、可靠性、自动化等方面更有了长足进步。根据市场的发展需要,快走丝线切割机床的工艺水平必须相应提高,其最大切割速度应稳定在 10 mm^2/min 以上,加工精度应控制 0.01~0.02 mm 范围,加工零件的表面粗糙度值应达到 1~2 μm,这就需要在机床结构、走丝系统、工作台的定位精度、加工工艺、控制系统等方面加以改善,积极采用各种先进技术使快走丝切割机床向高精度、自动化、智能化、节能化、绿色的方向发展。

14.2 电火花线切割加工的基本原理及特点

14.2.1 电火花线切割机床的基本原理

电火花线切割加工的基本原理是利用移动的细金属导线(黄铜丝或钼丝)作为电极,对工件进行脉冲火花放电,利用数控技术使电极丝对工件做相对的横向切割运动。

图14-1所示为往复高速走丝电火花线切割加工原理图。电火花线切割加工是通过线状工作电极与工件间规定的相对运动,对工件进行脉冲放电加工。电极丝接脉冲电源的负极,工件接脉冲电源正极。

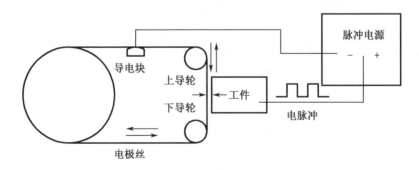

图 14-1 电火花线切割原理图

当发出一个电脉冲时,在电极丝和工件之间产生一次火花放电,放电通道的中心温度瞬时可高达 10 000 ℃以上,高温使工件金属熔化,甚至有少量汽化,高温也使电极丝和工件之间的工作液部分产生汽化,这些汽化后的工作液和金属蒸气瞬间迅速热膨胀,并具有爆炸的特性。这种热膨胀和局部的微爆炸,抛出熔化和汽化了的金属材料而实现对工件材料进行电蚀切割加工。通常认为电极丝与工件之间的放电间隙在 0.01 mm 左右,若电脉冲的电压高,放电间隙会大一些。

为了保证火花放电时电极丝(一般用钼丝)不被烧断,必须向放电间隙注入大量工作液,以使电极丝得到充分冷却。同时电极丝必须做高速轴向运动,以避免火花放电总在电极丝的局部位置烧断,电极丝速度约在 7~10 m/s 左右。高速运动的电极丝,有利于不断往放电间隙里带入新的工作液,同时也有利于把电蚀产物从间隙中带出去。

14.2.2 电火花线切割加工的特点

数控电火花线切割加工精度可达 0.01 mm,表面粗糙度 Ra 为 1.6~3.2 μm。可以加工一般切割加工方法难以加工或无法加工的硬质合金和淬火钢等一切导电的高硬度、复杂轮廓形状的板状金属工件,是机械加工中不可缺少的一种先进加工方法,它的主要特点如下:

(1)不需要制造成形电极,靠数控技术实现复杂的切割轨迹,加工周期短,对新产品的试制很有意义。

(2)能方便地加工复杂截面的柱体、大小孔和窄缝。

(3)编程方便,只需对工件进行图形绘制即可。

(4)自动化程度高,操作方便,加工周期短,成本低,较安全。

14.2.3 电火花线切割加工的应用范畴

电火花线切割加工为新产品试制、精密零件加工及模具制造开辟了一条新的工艺途径。它主要应用于以下几个方面:

(1)加工模具适用于各种形状的冲模。调整不同的间隙补偿量,只需一次编程就可以切割凸模、凸模固定板、凹模及卸料板等。模具配合间隙、加工精度通常都能达到 0.01~0.02 mm(往复高速走丝线切割机床)和 0.002~0.005 mm(单向低速走丝线切割机床)的要求。

(2)切割电火花穿孔成形加工用的电极。一般穿孔加工用的电极和带锥度型腔加工用的电极,以及铜钨、银钨合金之类的电极材料,用电火花线切割加工特别经济,同时也适用于加工微细、形状复杂的电极。

(3)加工零件在试制新产品时,用线切割的方法在坯料上直接割出零件,例如试制切割特殊微型电动机硅钢片定、转子铁心,不需另行制造模具,可大大缩短制造周期,降低成本。在零件制造方面,可用于加工品种多、数量少的零件,特殊难加工材料的零件,材料试验样件,以及各种型孔、型面、特殊齿轮、凸轮、样板和成形刀具。

14.3 电火花线切割加工设备

14.3.1 电火花线切割机床的分类

1. 按电极丝运行的速度分类

(1)高速走丝电火花线切割加工机床,也称为快走丝电火花线切割加工机床,是我国生产和使用的主要机种,也是我国独创的电火花线切割加工模式,外形如图 14-2 所示。这类机床的电极丝运行速度快,一般为 6~10 m/s,其正反向往返循环地运行,电极丝成千上万次地反复通过加工间隙,一直到断丝为止。电极丝主要是钼丝和钨钼合金丝,直径为 0.03~0.25 mm,常用的电极丝直径为 0.12~0.2 mm;工作液一般为水基液,常用的水基液有植物油皂化液和线切割专用皂化液等,它与磨床用的皂化液在成分上不同。电极丝的快速移动能将工作液带进狭窄的加工间隙,以保持加工间隙的"清洁"状态,有利于切割速度的提高。

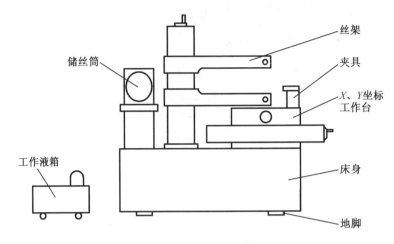

图14-2 快速走丝电火花线切割机外形

(2)低速走丝电火花线切割加工机床,也称为慢走丝电火花线切割加工机床,这是国外生产和使用的主要机种,外形如图14-3所示。这类机床的运丝速度一般在0.2 m/s以内,可使用铜、黄铜及以铜为主体的合金或镀覆材料作为电极丝,其直径在0.003～0.30 mm之,常用的电极丝直径一般为0.2 mm。这种电极丝只是单方向通过加工间隙,不重复使用,可避免电极丝损耗给加工精度带来的影响。工作液主要是去离子水和煤油,使用去离子水工作效率高,没有引起火灾的危险。

由于慢走丝电火花线切割加工机床解决了自动卸除加工废料、自动搬运工件、自动穿电极丝和自适应控制技术的应用等问题,因此已能实现无人操作的加工。目前慢走丝电火花线切割加工中心已经问世,它能够在45 s内实现三种电极丝之间的自动换丝。

2. 按控制轴的数量分类

(1) X、Y 两轴控制,该机床只能切割垂直的二维工件。

(2) X、Y、U、V 四轴控制,该机床能切割带锥度的工件。

3. 按机床的控制系统分类

(1)只有控制功能,如单板机或单片机的控制机。

(2)编程控制一体化,即编程功能和控制功能都有。

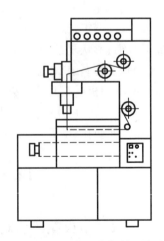

图14-3 慢走丝线切割机外形

4. 按步进电动机到工作台丝杠的驱动分类

(1)用减速齿轮驱动丝杠。减速齿轮的传动误差会降低工作台的移动精度,从而使脉冲当量的准确度降低。

(2)采用步进电动机。用"五相十拍"步进电动机直接驱动丝杠,避免减速齿传动误差,提高脉冲当量的精度,进给平稳,噪声低。

5.按丝架结构形式分类

(1)固定丝架。切割工件的厚度一般不大,而且最大切割厚度不能调整。

(2)可调丝架。切割工件的厚度可在最大允许范围内调整。

14.3.2 数控电火花线切割加工机床的组成

数控电火花线切割机床主要由机床本体、脉冲电源、控制系统、工作液循环系统和机床附件几个部分组成。本节主要以高速走丝线切割机床进行介绍。

1.机床本体

机床本体由床身部分、工作台、走丝机构、工作液箱等几部分组成。

(1)床身部分

床身一般为铸件,是工作台、走丝机构的支承和固定基础,通常采用箱式结构,要求有足够的强度和刚度,床身内部安装电源和工作液箱。

(2)工作台部分

工作台主要由拖板、导轨、丝杠传动副、齿轮传动机构四部分组成。一般都采用"十"字滑板、滚动导轨和丝杆传动副将电动机的旋转运动变为工作台的纵、横向直线运动。工作台面的纵、横向运动既可手动完成,又可自动完成。为保证机床精度,对导轨的精度、刚度和耐磨性有较高的要求,为保证工作台的定位精度和灵敏度,传动丝杆和螺母之间必须消除间隙。

(3)走丝机构

高速走丝机构由电动机、储丝筒、丝架、导轮、滑板、导电块、换向装置和绝缘件等部分组成。

2.脉冲电源

脉冲电源是产生脉冲电流的能源装置。线切割脉冲电源是影响线切割加工效率和加工质量关键的设备之一。为了满足线切割加工条件和工艺指标,脉冲电源要求:电极丝的损能要小;要有较大的峰值电流;脉冲宽度要窄;要有较高的脉冲频率;参数设定方便。

3.控制系统

控制系统是进行电火花线切割加工的重要环节,它的具体功能有轨迹控制和加工控制,当控制系统使电极丝相对于工件按给定轨迹运动的同时,还应该实现伺服进给速度的自动控制,以维持正常的放电间隙和稳定的切割加工。控制系统的稳定性、可靠性、控制精度及自动化程度都直接影响加工工艺指标,机床的功能主要是由控制系统的功能决定的。

4.工作液循环系统

工作液循环系统主要由工作液箱、液压泵、过滤器、流量控制阀和喷嘴等组成,为机床的切割加工提供足够、合适的工作液。工作液对线切割加工工艺指标的影响很大,如对切割速度、表面粗糙度、加工精度等都有影响。高速走丝线切割机床使用的工作液是专业乳化液。低速走丝线切割机床大多使用去离子水作为工作液,其主要作用有:对电极工件和加工屑进行冷却、产生放电的爆炸压力、对放电区消电离及对放电产物除垢。

14.3.3 数控电火花线切割机床型号

按 GB/T 7925—2005 规定,电火花线切割机床的主参数为工作台的横向行程,第二主参数为工作台的纵向行程,以高速数控线切割机床型号为例,如表 14-1。

表 14-1 电火花线切割机床型号

D	K	7	7	25	Z
机床类别代号（电加工机床）	机床特性代号（数控）	组别代号（电火花机床）	型别代号（高速线切割）	基本参数代号（工作台横向行程 250 mm）	机床分类（可加工带锥度的工件）

14.4 电火花线切割加工编程方法

电火花线切割加工编程有两种方法,即手动编程和自动编程。这里主要介绍我国高速走丝线切割机床应用较广的 3B 程序格式的编程。

14.4.1 编程步骤

电火花线切割编程与数控机床编程相类似,步骤如图 14-4 所示。

图 14-4 编程步骤

1. 分析零件图样及工艺处理:首先对零件图进行分析,明确加工要求,合理选择加工路径和偏移量等。工艺处理要注意以下几点。

(1) 工夹具的设计和选择。工夹具应可以反复使用,所以夹具要便于安装,便于协调工件和机床的尺寸关系。在加工大型模具时,应考虑工件的定位问题,特别是在加工快完成时,工件在重力作用下容易变形,致使电极丝被夹紧,影响加工,这时可用磁铁将加工完的地方吸住,保证加工能正常进行。

(2) 正确选择穿丝孔、进刀线和退刀线。

(3) 选择合理的偏移量。在加工凸模、凹模时,对精度要求较高,必须考虑电极丝半径和放电间隙的影响。合理的偏移量要根据电极丝直径和机床参数来决定。

2. 编写程序。

3. 输入控制台。

4. 程序检验。

编写完的程序要经过检验才能正式加工,通常的检验方法有图形检验、模拟运行等。

14.4.2 3B 格式程序编制

1. 程序格式

我国早期数控线切割机床采用的是 5 指令 3 格式编程,即:BX BY BJ GZ。

其中,B 为分隔符,用来区分隔离 X、Y 和 J 数值,如果 B 后的数字为零,则此零可以不写,但分隔符号 B 不能省略。

X、Y 分别为起点或终点 X 轴和 Y 轴坐标值,编程时均取绝对值,数值单位为 μm。

J 为计数长度,是指切割长度在 X 轴或 Y 轴数值,单位也为 μm。

G 为计数方向,有 Gx 和 Gy 两种。

Z 为加工指令,有 12 种,即直线走向与终点所在象限分别为 L1 L2 L3 L4;圆弧根据第一步进入的象限和走向分为逆时针圆弧 NR1 NR2 NR3 NR4 和顺时针圆弧 SR1 SR2 SR3 SR4。

2. 直线的编程

(1)把直线的起点作为坐标原点。

(2)终点坐标 X、Y 均取绝对值,单位为 μm。亦可用公约数将 X、Y 缩小整数倍。

(3)计数长度 J,按计数方向 Gx 或 Gy 取该直线在 X 轴和 Y 轴上的投影值。决定计数长度时,要和选计数方向一并考虑。

(4)应取程序最后一步的轴向为计数方向,对直线而言,取 X、Y 中较大的绝对值和轴向作为计数长度 J 和计数方向。

(5)加工指令按直线走向和终点所在象限不同而分为 L1、L2、L3、L4 其中与 +X 轴重合的直线算作 L1,与 +Y 轴重合的算作 L2,与 –X 轴重合的算作 L3,与 –Y 轴重合的算作 L4,与 X 轴和 Y 轴重合的直线,编程时 X、Y 均可为 0,且在 B 后可不写。

3. 圆弧的编程

(1)把圆弧的圆心作为坐标原点。

(2)把圆弧的起点坐标值作为 X、Y,均取绝对值,单位为 μm。

(3)计数长度 J 按计数方向取区域 Y 上的投影值,以 μm 为单位。如圆弧较长,跨越两个以上象限,则分别取计数方向 X 轴(或 Y 轴)上各个象限投影值的绝对值相累加,作为该方向总的计数长度,也要和选计数方向一并考虑。

(4)计数方向可取与该圆弧终点时走向较平行的轴作为计数方向,以减少编程和加工误差。对圆弧来说,取终点坐标中绝对值较小的轴向作为计数方向(与直线相反),最好也取最后一步的轴向作为计数方向。

(5)加工指令对圆弧而言,按其第一步所进入的象限可分为 R1、R2、R3、R4;按切割走向又可分为顺圆和逆圆,于是编程共有 8 种指令即 SR1、SR2、SR3、SR4、NR1、NR2、NR3、NR4。

14.5 电火花线切割机床的操作

14.5.1 工件的工艺基准

电火花线切割时,除要求工件具有工艺基准或工艺基准线外,同时还要具有线切割加工基准。合理地装夹与找正工件,可使切割既省事又能达到良好的效果,一般常用的找正方法有按划线找正、按基准面找正和按基准孔找正。具体找正方法如下。

1. 按划线找正

(1)加工精度不高、相互位置要求不严格时的找正。线切割加工型腔的位置和外形已成形的型腔位置要求不严时,可靠紧基准面后穿丝,按所划线的基准定位即可。

(2)相互位置要求比较严格时的找正。同一工件上型腔较多,相互位置要求严格,但外形要求不严,又都是只用线切割一道工序加工时,也可按基准面靠紧、穿丝。按所划线的基准定位,切第一个型腔,卸丝,走步距,再切第二个型腔,如此重复下去,直至加工完毕。

2. 按基准孔或已成形孔找正

(1) 按已成形孔找正。当线切割加工型腔的位置与外形要求不严,但与工件成形的型腔位置要求较严时,可靠紧基准面后,按成形孔找正,走步距,再加工。

(2) 按基准孔找正。当加工工件较大,且切割型腔总的行程未超过机床行程,又要求按外形找正时,可按外形基准加工基准孔,线切割加工时,按基准面靠紧后,再按基准孔定位。

3. 按外形找正

(1) 当线切割加工型腔的位置与外形要求较严时,可按外形尺寸来定位,此时要磨出侧垂直基准面,有时要磨六面。

(2) 圆形工件通常要求圆柱面和端面垂直,这样靠圆柱面即可定位。当切割型孔在中心且与外形同轴度要求不严又无方向性时,可直接穿丝,然后用游标卡尺或钢直尺测量电极丝与外形的尺寸,电极丝在中间即可;若与外形同轴度要求不严但有方向性时,可按划线找正;若同轴度、方向性都有严格要求时,可按磨出的基准孔和基准面找正,也可按外形找正。按外形找正有两种方法:一是直接按外形找正,二是按工件外形配作或使用夹具找正。

14.5.2 穿丝孔的加工

1. 加工穿丝孔的目的

在使用线切割加工凹形类封闭形工件时,为保证工件的完整性,在线切割前必须加工穿丝孔。有部分凸形类零件,如零件厚度较大线切割边比较多,尤其对四周都要进行切割且精度要求较高的零件,切割时也有必要加工穿丝孔,这是由于坯件材料在切断时,会破坏材料内部应力的平衡状态而造成材料的变形,影响加工精度,严重时甚至造成夹丝、断丝,当使用穿丝孔时,可以使工件坯料保持完整,从而减少变形所造成的误差。

2. 穿丝孔的位置和直径

穿丝孔是工件加工的工艺孔,是电极丝相对于工件运动的起点,同时也是程序执行的起始位置。穿丝孔应该选择在容易找正和便于计算的位置。在切割中、小孔形凹形类工件时,穿丝孔位于凹形的中心位置操作最为方便,这样既便于穿丝孔加工位置准确,又便于控制坐标轨迹的计算,缺点是切割的无用行程太长,不适合大尺寸的凹类工件的加工。在切割凸形工件或大孔形凹形类工件时,穿丝孔应设置在加工起始点附近,这样可以大大缩短无用切割行程。穿丝孔的位置最好选在已知坐标点或便于计算的坐标点上,以简化有关轨迹控制的运算。对于大尺寸零件,在加工前应沿加工轨迹多设置几个穿丝孔,以便发生断丝时能就近重新穿丝,切入穿丝点。

穿丝孔的直径不宜太小或太大,一般进在 3~10 mm 范围内。孔径最好选取整数值或较完整数值,以简化用其作为加工基准的运算。

3. 穿丝孔的加工

在线切割加工中,穿丝孔如果作为加工基准,在加工时必须确保其位置精度、尺寸精度和表面粗糙度,这就要求穿丝孔加工应在具有较精密坐标工作台的机床上进行,为了保证孔径尺寸精度,可采用钻铰、钻镗或钻车等较精密的机械加工方法。穿丝孔的位置精度和尺寸精度,一般要等于或高于工件要求的精度。如果穿丝孔不作为加工基准,一般采用针孔加工的方法就可以满足要求。

4. 加工路线的选择

在加工中,工件内部应力的释放会引起工件的变形,所以在选择加工路线时,必须注意

以下几点:

(1) 为了限制内应力对加工精度的影响,应避免从工件端面开始加工,尽可能从穿丝孔开始加工。

(2) 通常在材料允许的情况下,凸形类零件的加工路线距离端面(侧面)应大于 5 mm。

(3) 加工路线开始应从离开工件夹具的方向进行加工(即不要一开始加工就趋近夹具),最后再转向夹具的方向,这种加工路线可有效限制应力的释放。如图 14-5 所示,当选择图 14-5(a)所示的走向时,在切割过程中工件和易变形的部分相连接会带来较大的误差,如选择图 14-5(b)所示走向,就可以减少这种影响。

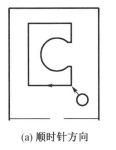 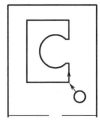

(a) 顺时针方向　　　　(b) 逆时针方向

图 14-5　程序走向选择

14.5.3　工件的装夹

线切割加工机床的工作台比较简单,一般在通用夹具上采用压板固定工件。线切割的加工作用力小,而金属切割机床要承受很大的切削力,因此,装夹夹紧力要求不大,有的工件加工还可用磁力夹具夹紧。为了适应各种形状的工件加工,还可以使用旋转夹具和专用夹具。合理地选择程序的走向、工件装夹的形式与精度,对机床的加工质量及加工范围有着明显的影响。

1. 工件装夹的一般要求

(1) 待装夹工件的基准部位要清洁无毛刺,符合图样要求。对经淬火的工件,在穿丝孔由凹模类工件扩孔的台阶处,要清除掉淬火时的渣物及工件淬火时产生的氧化膜表面,否则会影响电极丝间的正常放电,甚至卡断电极丝。热处理的工件要进行回火以去除应力,经过平面磨制的工件要进行退磁。

(2) 所有夹具精度要高,装夹前先将夹具与工作台面固定好。

(3) 保证装夹位置在加工中能满足加工行程需要,工作台移动时不能和丝架臂相碰,否则无法进行加工。

(4) 装夹位置要有利于工件的找正。

(5) 夹具对固定工件的作用力应均匀,不得使工件变形或翘起,以免影响加工精度。

(6) 成批零件加工时,最好采用专用夹具,以提高工作效率。

(7) 细小、精密、壁薄的工件应先固定在不易变形的辅助小夹具上才能进行装夹,否则无法加工。

(8) 加工精度要求较高时,工件装夹后还必须拉表找正。

2. 装夹的几种方式

(1) 悬臂支撑方式。把工件直接装夹在台面上或桥式夹具的一个刃口上,如图 14-6 所示。悬臂支撑方式通用性强,装夹方便,但由于工件单端固定,另一端呈悬梁状,因而工件平面不易平行于工作台面,易出现上仰或下斜,致使切割表面与其上下平面不垂直或不能达到预定的精度;另外,加工中工件受时,位置容易变化,因此,只有工件的技术要求不高或悬臂部分较少的情况下才能使用。

(2) 双端支撑方式。工件两端固定在夹具上,装夹方便,支撑稳定,平面定位精度高,但不利于小零件的装夹,如图14-7所示。

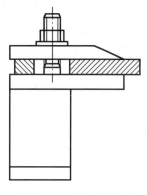

图14-6 悬臂支撑方式

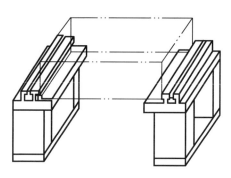

图14-7 双端支撑方式

(3)桥式支撑方式。采用两支撑垫铁,架在双端支撑夹具上,如图14-8所示。此装夹方法是快走丝线切割最常用的装夹方法,其特点是通用性强,装夹方便,装夹后稳定,对大、中、小工件都可方便地装夹,特别是带有相互垂直的定位基准面的夹具或工件,使侧面具有平面基准的工件可省去找正

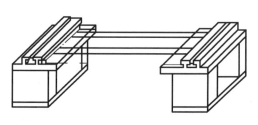

图14-8 桥式支撑方式

工序,如果找正基准也是加工基准,可以间接地推算和确定电极丝中心与加工基准的坐标位置。这种支撑装夹方式有利于外形和加工基准相同的工件实现成批加工。

(4)板式支撑方式。加工某些外周边已无装夹余量或余量较小、中间有孔的零件,可在大面加托板。板式支撑夹具可以根据工件的常规加工尺寸面制造成矩形成圆形孔,并增加X、Y方向的定位基准,用胶粘固或螺栓压紧,使工件与托板连成一体,加工时连托板一起加工。其特点是装夹精度易于保证,适宜常规生产中使用,如图14-9所示。

(5)复式支撑方式。复式支撑夹具是在桥式夹具上再固定专用夹具而成。这种夹具可以方便地实现工件的成批加工,它能快速地装夹工件,因而可以节省装夹工件过程中的辅助时间,特别是节省工件找正及确定电极丝相对工件加工基准的坐标位置所耗费的时间,这样既提高了效率,又保证了工件加工的一致性,其结构如图14-10所示。

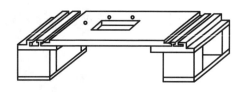

图14-9 板式支撑方式

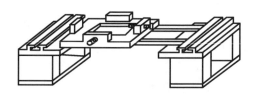

图14-10 复式支撑方式

(6)弱磁力夹具。弱磁力夹具装夹工件迅速、简便,通用性强,应用范围广,对于加工成批的工件尤其有效。

14.5.4 电火花线切割加工步骤

1. 加工前的准备

加工前先准备好工件毛坯、压板、夹具等装夹工具。若需切割内腔形状工件,毛坯应预先打好穿丝孔,然后按以下步骤操作。

(1) 启动机床电源进入系统,编制加工程序。

(2) 检查系统各部分是否正常,包括高频、工作液系统、储丝筒等的运行情况。

(3) 进行储丝筒上丝、穿丝和电极丝找正操作。

(4) 装夹工件。

(5) 移动 X、Y 轴坐标确立切割起始位置。

(6) 开启工作液泵,调节喷嘴流量。

(7) 运行加工程序开始加工,调整加工参数。

(8) 监控运行状态。如发现工作液循环系统堵塞应及时疏通,及时清理电蚀产物,但在整个切割过程中,均不宜变动进给控制按钮。

(9) 每段程序切割完成后,一般都应检查 X、Y 轴的手轮刻度是否与指令规定的坐标相同,以确保加工零件的精度,如出现差错,应及时处理,避免加工零件报废。

(10) 清理机床。

2. 加工操作注意事项

(1) 在放电加工时,工作台架内不允许放置任何杂物以防止损坏机床。

(2) 装夹工件时,应充分考虑装夹部位和穿丝位置,保证切割路径通畅。

(3) 在进行穿丝、紧丝等操作时,一定注意电极丝是否从导轮槽中脱出,并与导电块接触良好。

(4) 摇把使用后应立即取下,避免人身事故的发生。

(5) 合理配制工作液浓度,以提高加工效率及表面粗糙度。

(6) 切割时,控制喷嘴流量不要过大,以防飞溅。

(7) 切割时要随时观察运行情况,排除事故隐患。

3. 加工过程中特殊情况的处理

(1) 短时间临时停机。在某一程序尚未切割完毕时,若需要暂时停机片刻,应先关闭控制台的高频及进给,然后关闭脉冲电源、工作液泵和走丝电动机,其他设备可不必关闭。只要不关闭控制器的电源,控制器就能保存停机时余下的程序,以后重新开机时,按下述次序进行操作即可继续加工:开走丝电动机—工作液泵—脉冲电源—高频开关。

(2) 断丝。断丝是线切割加工中最常见的一种异常,造成断丝的原因主要有以下几个方面:

① 电极丝的材质不佳,抗拉强度低,折弯、打结、叠丝或使用时间过长导致丝被拉长、拉细且布满微小放电凹。

② 导丝机构的机械传动精度低,绕丝松紧不适度,导轮与储丝筒的径向圆跳动和晃动。

③ 导电块长时间使用或位置调整不好,加工中被电极丝拉出沟槽。

④ 导轮轴承磨损,导轮磨损后底部出现沟槽,造成导丝部位摩擦力过大,运行中抖动剧烈。

⑤ 工件材料的导电性、导热性不好,并含有非导电杂质或内应力过大造成切缝变窄。

⑥加工结束时,因工件自重引起切除部分脱落或倾斜夹断电极丝。
⑦工作液的种类选择配制不适当或脏污程度严重。

若加工过程中出现断丝现象,首先应立即关闭脉冲电源和变频,再关闭工作液泵及走丝电动机,让机床工作台继续按原程序走完,最后回到起点位置重新穿丝加工;若工件较薄,可就地穿丝,继续切割;若加工快结束时断丝,可考虑从末尾进行切割,但需要重新编制程序。当加工到二次切割的相交处时,要及时关闭脉冲电源和机床,以免损坏已加工表面。若断丝不能再用,必须更换新丝时,应测量新丝的直径,若断丝直径和新丝直径相差较大,就要重新编制程序以保证加工精度。

4. 控制器出错或突然停电

这两种情况出现在待加工零件的废料部位且零件的精度要求又不高的情况下,排除故障后,将电极丝退出,拖板移动到起始位置,重新加工即可。

5. 短路的排除

短路也是线切割加工中常见的故障之一,常见的短路原因主要有:
(1)导轮和导电块上的电蚀物堆积严重未能及时清除。
(2)工件变形造成切缝变窄,使切屑无法及时排出。
(3)工作液浓度太高造成排通不畅。
(4)加工参数选择不当造成短路。

短路时应立即关掉变频,待其自行消除短路,如不能奏效,再关掉高频电源,用酒精、汽油、丙醇等溶剂冲洗短路部分,若此时还不能消除短路,只好把电极丝抽出退回到起始点重新加工。

目前大部分线切割控制器均有断丝、短路自行处理功能,在断电情况下也会保持记忆。

14.6 电火花线切割加工实习安全技术

电火花线切割加工实习中要特别注意下列安全事项及操作规程:

(1)操作者必须熟悉线切割机床的操作及线切割加工工艺,按规定的操作步骤操作机床,开机前必须按规定及时对机床各运动部件进行加油润滑,并合理地选择加工参数。

(2)手动上丝后,要立即将摇把取下,以防止摇把抛出伤人。机床运丝前,须将储丝筒上的罩壳、上臂盖、上导轮盖盖好,关好立柱侧门,同时安装好防护罩,防止工作液甩出及高速运动时造成物体卷入的危险,防止断丝时发生缠绕和飞射伤人。

(3)在正式加工前,要保证工件安装位置正确,夹紧可靠,防止发生碰撞;机床必须在允许的范围内加工,不得超载或超行程工作。

(4)由于电流强度足以危及人的生命,因此在加工期间尽可能不要用手触及电极丝、工件、工作台,更不能同时接触工件与机床工作台。

(5)在切割加工过程中,会产生有毒气体和烟雾,应保持一定距离,防止发生过敏或中毒事件。机床在工作过程中,工件及机器部件会产生电磁波场,对供电网及无线电造成干扰,电磁辐射对人也会造成伤害,因此也应保持一定距离。

(6)在电加工切割过程中,会产生很多有害物质,如废弃的工作液、废丝等,它们对环境会造成一定危害,因此应注意,对废物必须进行必要的处理,不得随意丢弃。

(7)禁止用潮湿的手或带有油污的手控制开关和操作按钮,更不能接触机床电器部分。

防止工作液等导电物进入机床电器部分。当机床因电器短路发生火灾时,应首先切断电源,立即用干粉灭火器等合适的灭火器灭火,不能用水对电器部分灭火。

(8)由于机床在工作时可能发生工作液供应不足现象,此时如果机床附近有可燃、易爆物品,放电火花极易引燃这些物品而发生火灾,因此线切割机床附近不能存放任何易燃、易爆物品。

(9)定期检查机床的保护接地是否可靠,注意电器的各个部位是否漏电,在电路中尽量采用防触电开关。

(10)在对机床电器、脉冲电源、控制系统、机械等部分进行维修前,要切断机床电源,防止损坏电路元件和触电事故的发生。

(11)工作后应及时清理工作台、夹具等上面的工作液,并涂上适量润滑油,以防止工作台、夹具等锈蚀。

电火花线切割机床的保养方法:

(1)定期润滑:线切割机床上的运动部件,如机床导轨、丝杠副、传动齿轮、导轮轴承等,应定期润滑,通常使用油枪注入规定的润滑油。轴承、滚珠丝杠等,可以在使用半年或一年后拆开注油。

(2)定期调整。丝杠螺母、导轨等,要根据使用时间、磨损情况、间隙大小等进行调整。导电块要根据其磨损的沟槽深浅进行调整。导电块长时间使用后,电极丝在其表面会磨出较深的沟槽,只需松开导电块的固定螺钉,将导电块旋转一个角度即可。

(3)定期更换。线切割机床在使用时其导轮、导轮轴承等容易发生磨损,磨损后应及时更换。更换这些零件时一定要使用正确的更换方法,使它们在更换后达到规定的运动精度。电火花线切割的工作液太脏会影响切割加工,所以工作液也要定期更换。

(4)定期检查。定期检查机床电源线、行程开关、换向开关等是否安全可靠,另外每天要检查工作液是否足够,管路是否通畅。

训练项目实例

1. 项目实例

用 HL 线切割控制编程系统加工机床加工图 14-11 所示的凸模,用该机床自带的自动编程软件 Towedm 系统编制加工程序。

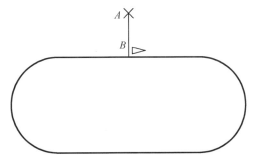

图 14-11 凸模

2. 编程步骤

（1）在 Towedm 中画出图形。

（2）对所画图形进行数控程序→加工路线→选取加工起始点→给定加工方向→输入尖点圆弧半径→输入刀具半径补偿→生成代码→代码存盘→退出绘图编程。

（3）选择进入模拟切割→选定加工代码文件→系统模拟切割→退出模拟切割。

（4）加工时，按存储路径调出加工程序即可按照加工步骤进行加工。

复习思考题

1. 简述电火花线切割加工的工作原理。
2. 电火花线切割的主要特点有哪些？
3. 电火花线切割加工的主要工艺指标有哪些？
4. 高速与低速走丝线切割机床的主要区别有哪些？
5. 简述电火花线切割的应用范围？

第15章 电火花成形加工

15.1 概　　述

15.1.1 电火花成形加工的特点

(1) 适宜加工难切削的导电材料。由于电火花加工是利用热效应使工件某一部分被逐次蚀除后成型的,工具电极和工件不接触,也无切削力,因此对工件材料的力学性能(如强度和硬度等指标)就没有限制。

(2) 适宜加工有复杂型腔的锻造模、冲压模、冶金模和注塑模等模具,尤其是用常规方法只能拆分加工的复杂型腔模,采用电火花加工可整体成型。因此模具的强度、刚度和使用寿命都可得到很大的提高。

(3) 电火花加工是采用软金属电极加工硬物的工件。用于淬火钢、耐热合金钢等材料的模具制造时可先进行热处理改性,再成型加工。这样就可以避免热处理变形的不利影响。

(4) 采用常规方法加工超硬材料十分困难,而电火花成形加工易于成形,如铜丝对硬质合金的穿孔加工等。

15.1.2 电火花成形加工的工作原理

电火花成形加工是通过工具电极(简称工具)和工件电极(简称工件)之间脉冲放电的电蚀作用对工件进行加工的方法,所以又称放电加工或电蚀加工。其工作原理如图15-1所示。

电火花成形加工时,被施加脉冲电压的工件和工具(黄铜或石墨)分别作为正、负电极。两者在绝缘工作液(煤油或矿物油)中彼此靠近时,同极电压将在两极间相对最近点击穿,形成脉冲放电。在放电通道中产生的高温使金属熔化和气化,并在放电爆炸力的作用下将熔化金属抛出,由绝缘工作液带走。由于极性效应(即两极的蚀除量不相等的现象),工件电极的电蚀速度比工具电极的电蚀速度大得多。这样,在电蚀过程中,若不断地使工具电极向工件做进给运动,就能按工具的形状准确地完成对工件的加工。

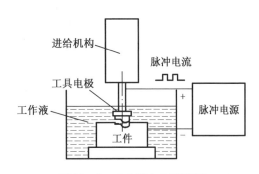

图15-1　电火花加工原理图

15.2 电火花成形加工机床

15.2.1 机床型号、规格和分类

我国国家标准规定,电火花加工机床均用 D71 加上机床工作台面宽度的 1/10 表示。例如 D7132 中,D 表示电加工机床(若该机床为数控电加工机床,则在 D 后面加上 K,即 DK),71 表示电火花机床,32 表示机床工作台的宽度为 320 mm。

电火花加工机床按其大小可分为小型(D7125 以下)、中型(D7125~D7163)和大型(D7163 以上);按其数控程度分为非数控、单轴数控和三轴数控。随着科学技术的进步,国外已经大批生产三坐标数控电火花机床,以及带有工具电极库、能按程序自动更换电极的电火花加工中心,我国大部分电加工机床厂现在也正开始研制生产三坐标数控电火花加工机床。

15.2.2 电火花加工机床的结构

图 15-2 所示为 SF100 型电火花成形机床示意图,主要组成有:机床主体、脉冲电源、进给调节系统和工作液循环与净化系统等。

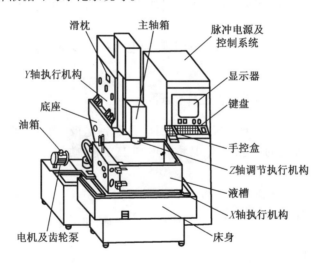

图 15-2 SF100 型电火花成形机床示意图

(1)机床主体由底座、床身、主轴(Z 方向)、滑块和导轨(滑枕)、平面运动机构(X、Y 方向)、伺服电动机(X、Y、Z 轴)驱动机构,以及自动调节系统的执行单元等组成。

(2)脉冲电源的功能是利用整流器将工频交流电变为直流电,再经开关器件及控制系统输出单向脉冲电压和电流。其脉冲宽度、脉冲电流幅值和脉冲间隙等参数均可无级调节。

(3)进给调节系统由测量环节、比较环节、放大驱动环节,执行机构和调节对象等组成。该系统实现了工具电极在加工过程中的实时调节(进给或回退),以保持与工件的放电间隙。

(4)工作液循环与净化系统由工作液箱、电动机和泵、过滤装置、工作液槽油杯、管道、阀门以及测量仪和测量表等组成。加工时采用强迫循环方式排除电蚀物及净化工作液。

15.3 电火花成形加工工艺

数控电火花成形加工的工艺参数较多且相互影响。电火花成形加工需要满足所要求的工艺指标、正确选择加工工艺方法、合理确定电规准。目前,随着电火花加工研究成果的不断涌现,电火花成形加工机床已达到自适应控制的水平。操作者采用人机交互的方式输入相关工艺条件及工艺指标等数据,机床通过计算机内部"查表"就会"输出"较佳的电规准并选择合理的加工工艺。电火花成形加工的工艺指标、工艺方法和电规准简要叙述如下。

15.3.1 电火花成形加工的工艺指标

1. 加工速度

加工速度也称为加工生产率,在规定的表面粗糙度和相对电极损耗率条件下的最大加工速度是衡量电火花加工机床工艺性能的重要指标。

2. 电极相对损耗率

在电火花加工中,电极的相对损耗率直接影响加工精度,特别是对于型腔模精加工,这一工艺指标比加工速度更重要。电极相对损耗率与极性选择、脉冲宽度有关。例如采用纯钢电极负极性加工时,若脉冲宽度大于 120 μs,则电极相对损耗率小于 1%(低损耗加工)。

3. 表面粗糙度

表面粗糙度是指表面微观几何形状误差,它与电火花加工的电规准有关。采用粗规准加工 Ra 值为 10~20 μm、半精规准加工 Ra 值为 2.5~10 μm、精规准加工 Ra 值为 0.32~2.5 μm。表面粗糙度 Ra 值与电极材料、极性选择有关,宽脉冲加工时采用纯铜电极的 Ra 值比采用石墨电极的 Ra 值小。对于同一种电极材料,宽脉冲负极性加工比正极性加工的 Ra 值小;反之,窄脉冲正极性加工的 Ra 值比负极性加工的 Ra 值小。

4. 加工精度

电火花加工精度是指加工完成后各部位尺寸的准确程度,以及加工位置相对基准的平行度、垂直度等。其影响因素有电极损耗、底面间隙、侧面间隙及电规准等。

15.3.2 电火花成形加工的电规准

电规准是指电火花成形加工过程中的一组电参数,如脉冲宽度、脉冲间隙、脉冲电流幅值等。电火花成形加工采用的粗、半精、精规准的参数及工艺指标见表 15-1,在电火花成形加工过程中,若采用单电极法或分解电极法加工时(见电火花成形加工工艺方法),在数控程序控制下电规准可自动转换。正确选择粗、半精、精加工规准的转换可以有效解决电火花成形加工的质量与生产率的矛盾。

表 15-1 电火花成形加工电规准参数表

类型\参数	脉冲宽度 /μs	脉冲间隔 /μs	脉冲电流 /mA	表面粗糙度 /μm	加工速度 /(mm·min^{-1})	电极相对损耗率极性选择/%	极性选择纯铜电极
粗规准	>400	≈50	>25	10~20	200~1 000	0.5~1	电极(+) 工件(-)
半精规准	20~400	≈50	10~25	2.5~10	20~100	≥1	电极(+) 工件(-)
精规准	2~20	≈50	<10	0.3~2.5	≤10	≈15	电极(-) 工件(+)

注：脉冲间隔时间的选择通常粗规准取脉宽的 10%~20%，精规准取脉宽的 2%~5%。脉冲间隔不宜过长或过短，脉间过大则生产率低，脉间过小则加工不稳定易拉弧。根据经验公式，脉间的粗、半精、精规准均选择 50 μs 为宜。

15.3.3 电火花加工工艺方法

电火花加工可采用单电极加工法、多电极加工法和分解电极加工法。这里只介绍应用较广的单电极加工法和数控电火花电极平动法。

1. 单电极加工法

单电极加工法是采用一个电极完成型腔模的粗、半精、精规准的电火花成形加工，其尺寸精度可达 0.05 mm。它的优点是只用一个电极一次装夹定位可完成精度为中、低等级的型腔模成型加工。此外，如图 15-3 所示，具有斜度的型腔模成型加工采用单电极加工法。

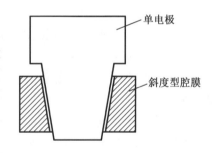

图 15-3 单电极斜度型腔模加工

当电极作垂直进给时，对倾斜的型腔表面有一定的修整和修光作用。通过多次电规准的转换，可以用一个电极完成加工。

2. 电火花电极平动法

常规的电火花成形加工机床需要增加一个机械平动头来实现平动加工。先进的电火花成形加工机床利用数控技术的优点，可以方便地实现电极平动。

电极平动法即电极在相关平面上可作 5 种轨迹运动。3 个平面是指与电极进给方向垂直的 $X-Y$、$X-Z$ 和 $Y-Z$ 平面，如图 15-4 所示。

电极的轨迹运动以中心定位的有圆周运动、矩形运动、菱形运动、斜十字往返运动和正十字往返运动 5 种运动方式，如图 15-5 所示。

电极平动法可应用在单电极加工法、多电极加工法、分解电极加工法的电火花成形加工中。

3. 电火花穿孔与高速小孔加工工艺

电火花穿孔加工主要用于型孔，如圆孔、方孔、多边形孔、异形孔等，如图 15-6 所示。所谓电火花穿孔加工是指工具电极与被加工表面有相同的形状和截面，工具与工件有相对进给运动的型孔加工。

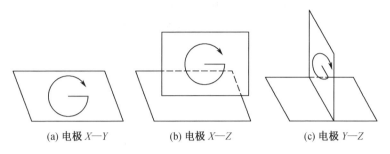

(a) 电极 X—Y   (b) 电极 X—Z   (c) 电极 Y—Z

图 15-4　电极与加工平面垂直的图示

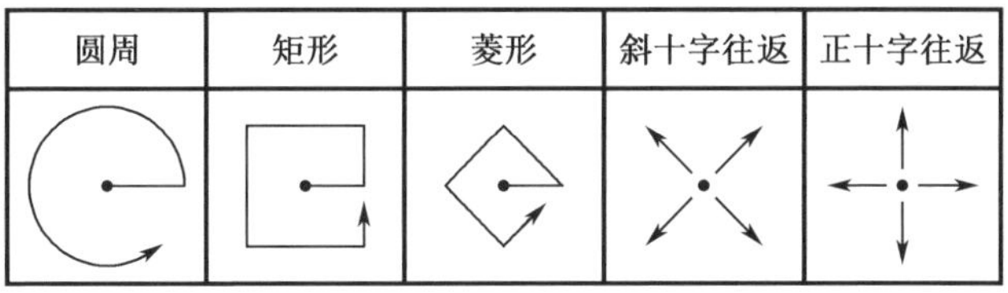

圆周	矩形	菱形	斜十字往返	正十字往返

图 15-5　电极的 5 种轨迹运动方式

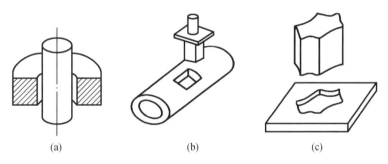

图 15-6　电火花穿孔加工

15.4　电火花成形加工的基本操作

15.4.1　电火花成形加工的准备工作

1. 电极准备

电火花加工中的电极是用来蚀除工件材料的,它与常规机械加工中的刀具有着严格的区分。它不是通用的而是专用的工具,必须按照工件的材料、形状、性能及加工要求来选择。一般情况下,电极材料必须具备以下特点:具有良好的导电性和耐电蚀性,具有较好的机械加工性,材料价格便宜,来源丰富。常用作电火花成形加工的电极材料有石墨和纯铜。此外,还有黄铜、钢、铸铁、银钨合金和铜钨合金等。

2. 电极设计

电极设计是电火花加工中的关键点之一。在设计中,第一是详细分析产品图样,确定电火花加工的位置;第二是根据现有设备、材料和拟采用的加工工艺等具体情况确定电极的结构形式;第三是根据不同的电极损耗和放电间隙等工艺参数要求对照型腔尺寸进行缩放,同时要考虑工具电极各部位投入放电加工的先后顺序不同,工具电极上各点的总加工时间和损耗不同,同一电极上端角、边和面上的损耗值不同等因素来适当补偿电极。

3. 电极的制造

在进行电极制造时,尽可能将要加工的电极坯料装夹在即将进行电火花加工的装夹系统上,避免因装卸而产生定位误差。

常用的电极制造方法有以下两种。

(1)切削加工。数控铣削加工电极不仅能加工精度高、形状复杂的电极,而且加工速度快。用石墨材料加工时容易碎裂、粉末飞扬,所以在加工前需将石墨放在工作介质中浸泡 2~3 d,这样可以有效减少崩角及粉末飞扬。纯铜材料切削较困难,为了达到较好的表面质量,经常在切削加工后进行研磨抛光加工。

(2)线切割加工。除用机械方法制造电极以外,在比较特殊的场合下,也可用线切割加工电极,适用于形状特别复杂、用机械加工方法无法胜任或很难保证精度的情况。

4. 电极装夹与找正

电极装夹的目的是将电极安装在机床的主轴头上,电极找正的目的是使电极的轴线平行于主轴头的轴线,即保证电极与工作台台面垂直,必要时还应保证电极的横截面基准与机床的 X、Y 轴平行。

(1)电极的装夹。在安装电极时,一般使用通用夹具或专用夹具直接将电极装夹在机床主轴的下端。常用的电极装夹方法有下面几种。

①小型的整体式电极多数采用通用夹具直接装夹在机床主轴下端,采用标准套筒、钻夹头装夹,对于尺寸较大的电极,常将电极通过螺纹连接直接装夹在夹具上。

②镶拼式电极的装夹比较复杂,一般先用连接板将几块电极拼接成所需的整体,然后用机械方法固定,也可用聚氯乙烯醋酸溶液或环氧树脂黏合。在拼接时,各接合面需平整密合,然后将连接板连同电极一起装夹在电极柄上。

(2)电极的找正。电极装夹到主轴上后,必须进行找正。一般的找正方法有以下几种。

①根据电极的侧基准面,采用千分表找正电极的垂直度。

②电极上无侧面基准时,将电极上端面作为辅助基准找正电极的垂直度。

③按电极端面火花打印找正电极。采用精加工参数使电极在模块平面上放电打印,调节电火花至均匀即可。

5. 工件的准备

电火花加工在整个零件的加工中属于最后一道工序或接近最后一道工序,所以在加工前应认真准备工件,具体内容如下。

(1)工件的预加工。一般来说,机械切削的效率比电火花加工的效率高,所以使用电火花加工前,可能用机械加工的方法去除大部分加工余量,即预加工。预加工可以节省电火花粗加工的时间,提高总的生产率。

(2)热处理。工件在预加工后,便可以进行淬火、回火等热处理,即热处理工序尽量安排在电火花加工的前面,因为这样可避免热处理变形对电火花加工尺寸精度和型腔形状等的影响。

(3)其他工序。工件在电火花加工前还必须除锈去磁,否则在加工中工件吸附铁屑,很容易引起拉弧烧伤。

6. 工件的装夹与找正

一般情况下,工件可直接装夹在垫块或工作台上,通过压板压紧即可,也可采用永磁吸盘将工件吸牢在工作台上。若工作台有坐标移动时,应使工件基准线与轴向移动方向一致,便于电极与工件间的找正与定位。

7. 电极相对于工件的定位

电极相对于工件的定位是指将已安装找正好的电极对准工件上的加工位置,以保证加工的孔或型腔在凹模上的位置精度。习惯上将电极相对于工件的定位过程称为找正。

目前生产的大多数电火花机床都有接触感知功能,通过该功能可实现较精确的电极相对工件的定位。

15.4.2 电火花加工方法

1. 电火花穿孔加工的方法

电火花穿孔加工一般应用于冲裁模具加工、粉末冶金模具加工、拉丝模具加工和螺纹加工等。

2. 电火花成形加工方法

电火花成形加工和穿孔加工相比,有下列特点。

(1)电火花成形加工为不通孔加工,工作介质循环困难,电蚀产物排除条件差。

(2)型腔多由球面、锥面和曲面组成,且在同一个型腔内常有各种圆角、凸台或凹槽,有深有浅,还有各种形状的曲面相接,轮廓形状不同,结构复杂。这就使得加工中电极的长度型面损耗不一,故损耗规律复杂,且电极的损耗不可能由进给实现补偿,因此型腔加工的电极损耗较难进行补偿。

(3)材料去除量大,表面质量要求严格。

(4)加工面积变化大,要求电规准的调节范围相应也大。

3. 数控平动成形法

电火花加工机床的数控系统能够实现 X、Y、Z 轴等多轴控制,电极和工件间可以按照预先编制好的程序进行微量移动,称为数控平动成形法。

数控平动成形法可以与几种成形法同时应用,电极在数控系统的控制下可以完成逐步修光侧面和底面、精确控制尺寸精度、加工型腔侧壁上的凹槽等工作,具有灵活多样的模式,可以适应复杂型腔加工的需要。

平动加工是数控电火花加工的一种重要工艺方法,其平动方式一般分为自由平动和伺服平动两种。自由平动一般用于浅表加工,加工时边打边平动,可以改善排屑性能,提高加工速度,减少积炭;伺服平动一般用于深度加工场合,先加工完底面再修侧面。

15.5 电火花成形加工实习安全技术

电火花成形加工实习中要特别注意下列安全事项及操作规程:

(1)开机操作前,要穿好工作服,做好操作准备工作。

(2)电火花机床必须在教师指导下进行操作,不允许未经许可自行操作。

(3)在放电加工前,应仔细安装好工件,找正工具电极和工件的相对位置。

(4)电火花成形机床工作液为易燃煤油,必须配备干粉灭火器,以防运行中发生火灾,并且操作者操作前必须掌握干粉灭火器的使用方法。

(5)工作油箱中的工作液面高度必须高出被加工工件50 mm以上,以防止工作液着火燃烧。

(6)在放电加工过程中,严禁手或身体各部位触摸卡头和电极线。

(7)在操作过程中如发生意外,首先要按下操作面板上的红色急停按钮,再拔下插头,检查事故原因,待排除故障后再开机,启动时间间隔不得小于50 s。

(8)操作过程中,进行移动操作时要特别小心,必须确认移动行程中没有阻挡物,以防撞坏电极和工件,或造成移动轴伺服过载甚至损坏机床。

(9)火花成形机床加工过程中,操作者不能随意离开机床,仔细观察放电状态,以防意外事故的发生。

(10)电火花机床操作完毕,要将工作液回放到储液槽中,拔下插头切断电源,清扫机床,收捡工具,打扫场地卫生。

训练项目实例

1. 项目实例

冲模加工(材料为钢)。

2. 冲模的加工步骤

(1)凸模的加工。采用线切割或成形磨削来完成加工。注意凸模的长度要加长(因为凸模要用来作为凹模加工的工具电极,多出的部分在凹模加工好后再切除)。

(2)凹模的加工。凹模的尺寸精度主要靠工具电极(已加工好的凸模)来保证。

(3)电极和工件的装夹。首先将选好的电极安装在机床主轴的电极夹头中,用直角尺在 X、Y 方向调整,保证电极与机床工作台垂直;然后将工件安装在工作台上,并利用压板固定;最后移动工作台,保证电极中心与工件中心一致。

(4)选择电参数。由于冲模对加工精度和表面质量的要求都高,所以选择加工精度高、表面粗糙度值小的精加工参数。

(5)工作介质的选择。采用煤油作为工作介质,打开工作液泵,使工作介质充满工作液槽并高出工件表面 30~50 mm。

复习思考题

1. 说明电火花加工的原理,其主要特点是什么?
2. 简述电火花成形加工机床的结构。
3. 电火花成形加工的工艺指标有哪些。
4. 简述电极加工制造的方法?
5. 说明电火花成形加工与穿孔加工相比,具有哪些特点?

参 考 文 献

[1] 尹志华. 工程实践教程[M]. 北京:机械工业出版社,2008.
[2] 朱流. 金工实习[M]. 北京:机械工业出版社,2013.
[3] 杨树财,张玉华. 基础制造技术与项目实训[M]. 北京:机械工业出版社,2012.
[4] 张万昌. 热加工工艺基础[M]. 北京:高等教育出版社,2002.
[5] 陈洪勋,张学仁. 金属工艺学实习教材[M]. 北京:机械工业出版社,1994.
[6] 顾小玲. 量具、量仪与测量技术[M]. 北京:机械工业出版社,2009.
[7] 高琪. 金工实习教程[M]. 北京:机械工业出版社,2012.
[8] 王洪光,赵冰岩,洪伟. 气焊与气割[M]. 北京:化学工业出版社,2005.
[9] 朱庄安,朱轮. 焊工实用手册[M]. 北京:中国劳动社会保障出版社,2002.
[10] 傅水根. 机械制造工艺基础[M]. 北京:清华大学出版社,1996.
[11] 李家杰. 数控机床编程与操作实用教程[M]. 南京:东南大学出版社,2005.
[12] 聂蕾. 数控实用技术与实例[M]. 北京:机械工业出版社,2006.
[13] 魏斯亮. 金工实习[M]. 2版. 北京:北京理工大学出版社,2016.
[14] 邓宇. 金工实习[M]. 成都:电子科技大学出版社,2015.
[15] 黄明宇,徐钟林. 金工实习[M]. 2版. 北京:机械工业出版社,2009.
[16] 吴道全,万光琨,林树兴. 金属切削原理及刀具[M]. 重庆:重庆大学出版社,1994.
[17] 殷燕芳. 工程训练教程[M]. 成都:电子科技大学出版社,2014.
[18] 朱江锋,肖元福. 金工实训教程[M]. 北京:清华大学出版社,2004.
[19] 吴粗育,秦鹏飞. 数控机床[M]. 上海:上海科学技术出版社,2004.
[20] 杜君文,邓广敏. 数控技术[M]. 天津:天津大学出版社,2001.
[21] 顾京. 数控机床加工程序编制[M]. 北京:机械工业出版社,2003.
[22] 赵万生. 特种加工技术[M]. 北京:高等教育出版社,2001.
[23] 刘志东. 特种加工[M]. 北京:北京大学出版社,2012.
[24] 李华. 机械制造技术[M]. 北京:高等教育出版社,2005.

训练报告册

专业班级：_____

姓　　名：_____

学　　号：_____

日　　期：_____

第1部分 普通机械加工部分

成绩	
教师	

钳工部分

一、判断题（对画√,错画×）

1. 锯削时的起锯角一般为45°左右。（   ）
2. 交叉锉一般用于修光。（   ）
3. 锉削铝、铜等软金属，一般选用细齿锉刀。（   ）
4. 手用丝锥头锥与二锥的区别在于切削部分的长短和锥角的不同。（   ）
5. 精加工锉削平键端部半圆弧面,应用滚锉法。（   ）

二、选择题（在括号中填入正确答案的标号）

1. 安装手锯时,锯齿应：（   ）
   A. 向前　　　　　　B. 向后　　　　　　C. 都可以
2. 标准麻花钻顶角是：（   ）
   A. 90°　　　　　　B. 118°　　　　　　C. 135°
3. 在同一工件的两个以上平面上划线称为：（   ）
   A. 平面划线　　　　B. 立体划线　　　　C. 复杂划线
4. 铰孔的加工精度可达：（   ）
   A. IT8～IT10　　　B. IT7～IT9　　　　C. IT6～IT8
5. 粗锉较大的平面时,应用下列什么方法：（   ）
   A. 推锉法　　　　　B. 滚锉法　　　　　C. 交叉锉法

三、填空

1. 平面锉削的基本方法有_____、_____和_____。
2. 锯厚工件应选用_____齿锯条。
3. 钻削加工时,其主运动是_____,进给运动是_____。
4. 通常麻花钻头有_____个主切削刃,扩孔钻有_____个主切削刃,铰刀有_____个主切削刃。
5. 攻一个 M6×1 的螺孔,钢件的底孔应钻成 φ_____,所用刀具是_____。
6. 套一个 M6×1 的螺杆,套扣前圆杆直径应为 φ_____,所用刀具是_____。
7. 麻花钻头在装夹时,直柄钻头用_____装夹,锥柄钻头用_____装夹。
8. 我实习的台式钻床型号是_____,最大钻孔直径为_____。

四、简答题

1. 钳工划线的作用是什么？你在锤头上划线时用的是哪种方法，所用工具有哪些？

2. 锯削时锯齿崩落和锯条折断的原因是什么？

3. 怎样选用粗细锉刀？锉平面的操作关键是什么？

4. 攻丝时，为什么丝锥要经常反转？铰孔时，为什么铰刀不许反转？

5. 工件上螺孔如下图所示，螺孔的结构应做哪些修改？画图表示(可在原图上修改)。

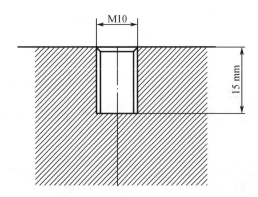

车工部分

成绩	
教师	

一、判断题（对画√，错画×）

1. 右偏刀只能车外圆，而不能车端面。　　　　　　　　　　　　　　（　）
2. 45°弯头刀既能车外圆，又能车端面。　　　　　　　　　　　　　　（　）
3. 偏移尾座法既可车外锥面，也可车内锥面。　　　　　　　　　　　（　）
4. 在半精车和精车时，往往采用试切法来准确控制工件的尺寸公差。（　）
5. 在同样切削条件下，进给量 f 越小，则表面粗糙度 Ra 越大。　　（　）
6. 用三爪卡盘装夹工件不能保证在多次安装中所加工出的工件表面的同轴度要求。　　　　　　　　　　　　　　　　　　　　　　　　　　　　　　　（　）
7. 车床镗孔只能在钻孔的基础上进行，而不能对已铸的孔做进一步加工。（　）
8. 用车床镗孔，若刀杆细长，容易出现锥形误差。　　　　　　　　　（　）
9. 精车时试切，其目的是保证加工面的尺寸精度。　　　　　　　　　（　）
10. 车螺纹时，当车床纵向丝杠的螺距能被工件螺距整除时，则多次走刀打开"对开螺母"，摇回大托板，也不会造成"乱扣"现象。　　　　　　　　　　（　）

二、选择题（在括号中填入正确答案的标号）

1. 精车具有内外同心要求的套类零件，应选择（　　）夹具附件。
   A. 四爪卡盘　　　　　B. 前、后顶尖　　　　　C. 芯轴
2. 车床安全操作规程中规定：车床开动后不能（　　）。
   A. 改变主轴转速　　　B. 改变进给量　　　　　C. 加大切深
3. 车轴件外圆时，若前、后顶尖中心偏移不重合，车出的外圆会出现（　　）。
   A. 有锥度　　　　　　B. 椭圆　　　　　　　　C. 棱形
4. 车削细长光轴时，除用前、后顶尖装夹外，一般还用（　　）附件。
   A. 跟刀架　　　　　　B. 中心架
5. 车床钻孔时，容易产生（　　）现象。
   A. 孔径扩大　　　　　B. 孔的轴线偏斜　　　　C. 孔径缩小
6. 车外圆时，如主轴转速提高，则进给量（　　）。
   A. 按比例变大　　　　B. 变小　　　　　　　　C. 不变
7. 车端面时，如主轴转速不变，则切削速度（　　）。
   A. 变大　　　　　　　B. 变小　　　　　　　　C. 不变
8. 工件以孔定位装在芯轴上精车外圆和端面。其主要目的是保证（　　）。
   A. 外圆和端面与孔的位置精度　　　B. 外圆和端面的表面粗糙度 Ra

9. 既能车外锥面,又能车内锥面的方法是( )。

A. 偏移尾座法 B. 小刀架转位法 C. 宽刀法

10. 车螺纹时,工件转一周,车刀移动的距离应等于( )。

A. 工件的螺距 B. 车床丝杠的螺距

三、填空

1. 我所操作车床的型号是_____,可车削工件的最大直径是_____。

2. 车削时主运动是_____,进给运动是_____。

3. 车床能加工的主要表面有_____、_____、_____、_____和_____等。

4. 车锥面常用的方法有_____、_____、_____。

5. 切削用量包括_____、_____、_____。

6. 粗车的主要目的是_____,精车的主要目的是_____。

7. 车床传动机构常用的传动副有_____、_____、_____、_____和_____。

8. 车床上的通用夹具有_____、_____、_____和_____。

9. 车刀刀头常用的材料有_____和_____。

10. 既能车外圆又能车端面的车刀有_____和_____。

四、简答题

1. 为什么车削工件时要分粗车和精车?

2. 试述在粗车和精车时如何合理选择切削用量?

3. 用三爪卡盘装夹工件时必须注意的问题是什么?

4. 把下图所示普通车床各主要部分的名称及用途填入表中。

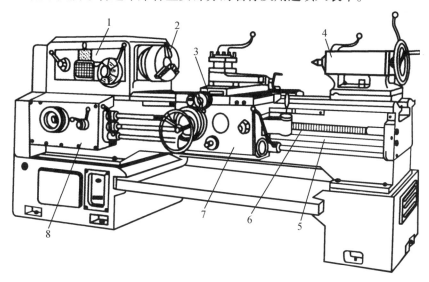

序号	名称	用途
1		
2		
3		
4		
5		
6		
7		
8		

5. 标注出下图所示外圆车刀的刀头上引线所指表面和刀刃的名称：

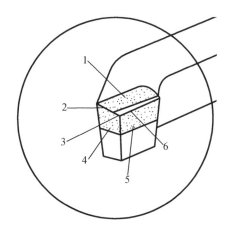

1._____ 2._____

3._____ 4._____

5._____ 6._____

铣工部分

成绩	
教师	

一、判断题（对画√,错画×）

1. 在板块状工件上铣直槽一般用三面刃铣刀。（　）
2. 卧式铣床装上万能铣头,可用立铣刀铣斜面。（　）
3. 平口钳只能安装六面体零件,不能安装轴类零件铣键槽。（　）
4. 轴上的平键槽一般在立式铣床上用键槽铣刀加工。（　）
5. 铣平面时,铣刀的旋转不是主运动。（　）
6. 若要在铣床上做高速铣削大平面,宜选用立铣刀。（　）
7. 铣齿轮时必须用到的铣床附件是分度头。（　）
8. 铣床的走刀运动是间歇性的。（　）
9. 铣床在变换切削速度时,不需要机床停车就可以实现。（　）
10. 卧式铣床上也可以铣削加工键槽。（　）

二、填空

1. 铣床的加工范围包括_____、_____、_____和_____等。
2. 最常用的铣床有_____、_____和_____。
3. 铣床的主要附件有_____、_____、_____和_____。
4. 主要的铣削方式有_____和_____。
5. 铣床上常用的装夹方法有_____、_____、_____和_____。

三、填图表

1. 注明图中所示的立式铣床各部分名称。

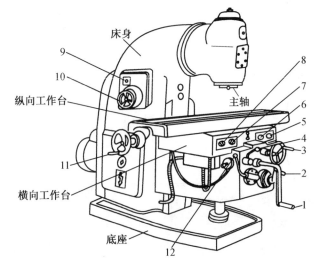

1. _____
3. _____
5. _____
6. _____
7. _____
8. _____
10. _____
11. _____
12. _____

2. 标出图中下列各种铣刀的名称和用途

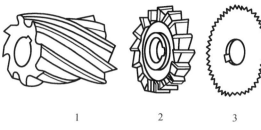

代号	名称	用途
1		
2		
3		
4		
5		
6		

磨工部分

成绩	
教师	

一、判断题(对画√,错画×)

1. 外圆磨削时,工件的转动是主运动。　　　　　　　　　　　　(　)
2. 磨外圆时,磨床的前、后顶尖均不随工件转动。　　　　　　　(　)
3. 平面磨床只能磨削钢、铸铁等导磁性材料制造的零件。　　　(　)
4. 砂轮是由磨粒、结合剂和空隙组成的多孔物体。　　　　　　(　)
5. 砂轮磨料的粒度号越大,磨料也越大。　　　　　　　　　　　(　)

二、选择题(在括号中填入正确答案的标号)

1. 磨削的加工精度一般为:　　　　　　　　　　　　　　　　　(　)
　　A. IT10～IT11　　　　B. IT5～IT6　　　　C. IT7～IT8
2. 磨削加工的表面粗糙度 Ra 一般为:　　　　　　　　　　　 (　)
　　A. 1.6～6.3 μm　　　B. 0.02～0.1 μm　　C. 0.2～0.8 μm
3. 在平面磨床上安装铜合金零件用:　　　　　　　　　　　　　(　)
　　A. 电磁吸盘　　　　　B. 精密平口钳　　　C. 前后顶尖

4. 砂轮磨料常用的粒度号为： （   ）
   A. 1# ~ 9#　　　　B. 500#以上　　　　C. 30# ~ 100#
5. 磨削适合于加工： （   ）
   A. 铜及有色金属　　B. 碳素及合金钢　　C. 都适合

三、填空

1. 砂轮特性是由_____、_____、_____、_____、_____和_____组成的。
2. 磨削加工不适合加工_____类材料。
3. 砂轮的硬度是指_____。
4. 磨削轴上外圆表面时,应采用_____装夹方式。
5. 砂轮常用_____进行修整。

四、简答题

1. 磨削外圆表面当接近最终尺寸时,常采用几次无横向进给光磨行程,为什么?

2. 磨削轴类零件与车削轴类零件均可采用前、后顶尖装夹方式,试比较二者有何不同?

五、在图上标出磨外圆和磨平面时,砂轮与工件之间的相对运动方向。

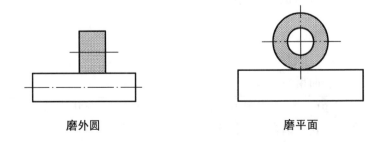

磨外圆　　　　　　　　　　磨平面

第 2 部分　数控技术理论知识

成绩	
教师	

一、名词解释

1. 数控技术

2. 数控机床

3. 数控系统

4. 机床坐标系

5. 工件坐标系

解释下列符号的意义

指令	含义	指令	含义
T0102		G03	
M03		F0.2(mm/r)	
G00		F100(mm/min)	
M30		S350	

二、判断题(对画√,错画×)

1. 数控机床易加工异型复杂零件。　　　　　　　　　　　　　　　　　(　)
2. M30 和 M02 指令的区别是 M02 指定程序结束后,程序要返回程序头,以便于加工下一工件。　(　)
3. 数控机床在工作时,不能停止机床。　　　　　　　　　　　　　　　(　)
4. 数控机床的进给轴丝杆和普通机床的一样。　　　　　　　　　　　　(　)
5. 加工零件某一尺寸改动后,需要全部重新编写加工程序。　　　　　　(　)
6. 数控机床有一个电机就可以同时控制刀架的纵、横向进给。　　　　　(　)
7. 数控车床用 T 指令可以实现换刀和建立工件坐标系两个作用。　　　　(　)
8. G91 的功能是绝对值编程指令。　　　　　　　　　　　　　　　　　(　)

9. 数控铣床工作时进给轴的默认单位是 mm/min。　　　　　　　　（　　）

10. 数控车 G73 的功能是螺纹切削复合循环。　　　　　　　　　　（　　）

三、填空题

1. 指令可分为_____指令和_____指令。

2. 在数控编程中,可以使用_____坐标编程和_____坐标编程。

3. _____就是以数字指令的形式给定的一种控制方式。

4. 数控车床 G71 功能是_____。

5. 数控铣床 G41、G42 功能是_____。

6. 刀具补偿分为两种,即_____和_____。

四、简答题

1. 数控机床由哪几部分组成?

2. 简述数控机床的零件加工过程。

3. 急停按钮怎样使用,应该在什么情况下使用?

4. 机床锁住按键有什么作用?

5. 如果数控系统报警了,应怎样解决?

成绩	
教师	

第3部分　数控机床实践操作

一、数控铣削加工

1. 编写如图所示的铣削外形轮廓的加工程序。

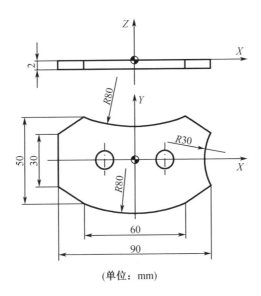

(单位：mm)

2. 根据下图所示的尺寸,铣削出多边形凸台和半圆形凹腔来,编写出程序。

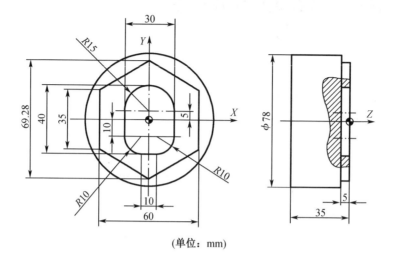

(单位：mm)

3. 根据下图所示的尺寸,铣削出台阶面的图形,并加工出四个孔,编写出程序。

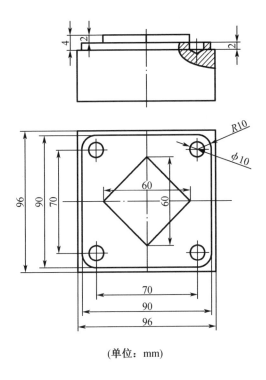

(单位:mm)

成绩	
教师	

二、数控车削加工

1. 编写下图所示的零件加工程序(利用循环指令编程,材料:φ40 mm×75 mm 塑料棒)。

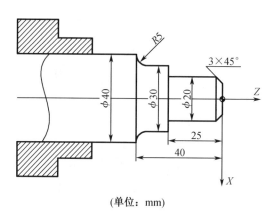

(单位：mm)

2. 编写下图所示零件加工程序(毛坯材料:φ70 mm×120 mm 铝合金)。

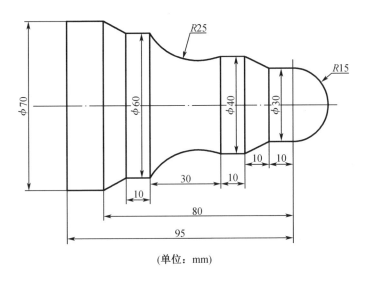

(单位：mm)

3. 编写下图所示的零件内孔加工程序(ϕ18 mm 内孔已加工完成,使用循环指令编程,毛坯材料:ϕ40 mm×60 mm 铝合金)。

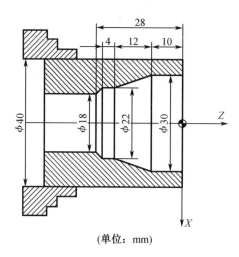

(单位：mm)

4.编写下图所示的零件加工程序(设切刀宽度为 3 mm,以切刀左刀尖点为刀位点进行编程)。

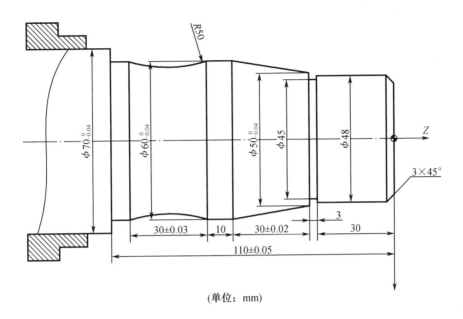

(单位:mm)

三、电火花线切割

成绩	
教师	

1. 电火花线切割按走丝速度分_____和_____两类。

2. DK7725Z 线切割机床是由储丝筒、走丝溜板、_____、_____、下工作台、床身和_____组成的。

3. 分别写出 DK7725Z 各字母和数字所表示的含义。

4. 简述电火花线切割加工放电的基本原理。

5. 简述电火花线切割加工与其他机械加工方法的区别。